CIANETO
EM
FOCO

DEIVITI LOPES CAETANO

CIANETO EM FOCO

GESTÃO AMBIENTAL, RISCOS
E ATENDIMENTO MÉDICO

Labrador

© Deiviti Lopes Caetano, 2024
Todos os direitos desta edição reservados à Editora Labrador.

Coordenação editorial PAMELA J. OLIVEIRA
Assistência editorial LETICIA OLIVEIRA, JAQUELINE CORRÊA
Projeto gráfico e capa AMANDA CHAGAS
Diagramação HELOISA D'AURIA
Preparação de texto IRACY BORGES
Revisão MARÍLIA COURBASSIER PARIS
Imagens de capa BENJAH-BMM27 (WIKIMEDIA)

Dados Internacionais de Catalogação na Publicação (CIP)
Jéssica de Oliveira Molinari - CRB-8/9852

CAETANO, DEIVITI LOPES
  Cianeto em foco : gestão ambiental, riscos e atendimento médico / Deiviti Lopes Caetano. – 1. ed. – São Paulo : Labrador, 2024.
  128 p.

  Bibliografia
  ISBN 978-65-5625-504-0

  1. Química 2. Cianetos – História 3. Cianetos – Usos e propriedades I. Título

  23-6907   CDD 540

Índice para catálogo sistemático:
1. Química

Labrador

Diretor-geral DANIEL PINSKY
Rua Dr. José Elias, 520, sala 1
Alto da Lapa | 05083-030 | São Paulo | SP
contato@editoralabrador.com.br | (11) 3641-7446
editoralabrador.com.br

A reprodução de qualquer parte desta obra é ilegal e configura uma apropriação indevida dos direitos intelectuais e patrimoniais do autor. A editora não é responsável pelo conteúdo deste livro. O autor conhece os fatos narrados, pelos quais é responsável, assim como se responsabiliza pelos juízos emitidos.

Sumário

CAPÍTULO 1
A história do cianeto: da utilização à controvérsia _____ 7

CAPÍTULO 2
O que é o cianeto: usos e aplicações _____ 13

CAPÍTULO 3
Reações químicas com cianeto: riscos e controle _____ 23

CAPÍTULO 4
Segurança pessoal e mecanismos de intoxicação cianídrica ___ 33

CAPÍTULO 5
Primeiros socorros e tratamento médico _____ 55

CAPÍTULO 6
Combate a incêndio em instalações com cianeto _____ 69

CAPÍTULO 7
Proteção ambiental no manuseio do cianeto:
preservando nossos ecossistemas _____ 83

CAPÍTULO 8
Segurança no transporte de cianeto: garantindo
a integridade do produto e do meio ambiente _____ 107

CAPÍTULO 9
A segurança como valor: o papel do Código
Internacional de Gerenciamento de Cianeto e do ICMI ____ 121

Referências bibliográficas _____ 125

CAPÍTULO I

A HISTÓRIA DO CIANETO: DA UTILIZAÇÃO À CONTROVÉRSIA

Neste capítulo, vamos mergulhar na fascinante história do cianeto, desde seu descobrimento até seu uso controverso durante a Segunda Guerra Mundial e os desafios associados à sua toxicidade.

DESCOBERTA E PRIMEIROS USOS

O cianeto, derivado do grego "kyanos", que significa "azul-escuro", tem uma história que remonta a séculos. Seus compostos foram descobertos e utilizados em várias culturas antigas para diversos fins. No entanto, o cianeto de potássio (KCN) só foi isolado e descrito pela primeira vez no século XVIII pelo químico sueco Carl Wilhelm Scheele.

No início, o cianeto foi explorado principalmente por suas propriedades como agente de fixação de corantes na indústria têxtil e como componente em fotografia. No entanto, sua verdadeira relevância na história moderna veio à tona durante a Segunda Guerra Mundial.

Cianeto na Segunda Guerra Mundial: uso como arma química

Durante a Segunda Guerra Mundial, as propriedades letais do cianeto foram exploradas em um contexto militar. Tanto os Aliados quanto os nazistas consideraram o uso do cianeto como arma química em operações secretas.

Os nazistas, em particular, desenvolveram o Zyklon B, uma forma sólida de cianeto de hidrogênio (HCN), que foi utilizada nos campos de extermínio como Auschwitz, como um método eficaz para o genocídio em massa. Essa aplicação sinistra do cianeto deixou uma cicatriz indelével na história e destacou a importância de controlar estritamente essa substância.

Toxicidade e preocupações contemporâneas

A toxicidade do cianeto é um aspecto central de sua história. Quando inalado ou ingerido, o cianeto interfere na respiração celular, impedindo a absorção de oxigênio, o que leva à asfixia e, em última análise, à morte. Essa alta toxicidade torna o cianeto uma substância de grande preocupação.

Nos dias de hoje, a utilização do cianeto é altamente regulamentada e controlada em todo o mundo, principalmente nas indústrias de mineração e química. As empresas são obrigadas a seguir rigorosos protocolos de segurança, armazenamento adequado e disposição responsável de resíduos de cianeto.

O DESAFIO DA GESTÃO RESPONSÁVEL

A gestão responsável do cianeto é uma questão crítica, dadas suas propriedades letais e histórico controverso. Organizações como o International Cyanide Management Institute (Instituto Internacional de Gerenciamento do Cianeto – ICMI) estabeleceram padrões rigorosos para garantir a segurança no manuseio do cianeto em ambientes industriais, com o objetivo de evitar acidentes e minimizar os riscos à saúde humana e ao meio ambiente.

Embora o cianeto continue a ser uma substância valiosa em diversas aplicações industriais, seu histórico sombrio nos lembra da importância de equilibrar os benefícios com a responsabilidade e a segurança em seu uso. Nos próximos capítulos, exploraremos em detalhes as medidas de segurança e regulamentações que foram estabelecidas para gerenciar o cianeto de forma segura na indústria moderna.

O CIANETO NA CIÊNCIA E NA INDÚSTRIA

Apesar das associações sombrias com seu uso como arma química, o cianeto também desempenhou um papel significativo na ciência e na indústria. Suas propriedades únicas tornaram-no uma ferramenta valiosa em diversas áreas:

» Indústria têxtil e fotografia: no século XIX, o cianeto era usado na indústria têxtil para fixar corantes em tecidos, tornando as cores mais vibrantes e duradouras. Além disso, sua capacidade de dissolver prata tornou-o essencial na fotografia, especialmente na produção de negativos e impressões.

» Metalurgia e galvanoplastia: a capacidade do cianeto de formar complexos com metais desempenha um papel crucial na galvanoplastia, um processo que envolve a deposição de metais sobre superfícies para proteção contra corrosão e fins decorativos. O cianeto é utilizado para criar banhos galvânicos em que os metais são eletrodepositados.

» Mineração: o cianeto é essencial na indústria de mineração, onde é usado na extração de ouro e prata de minérios. A lixiviação por cianeto é um método eficaz que envolve a dissolução dos metais preciosos em soluções de cianeto para posterior recuperação.

Regulamentações e segurança na gestão do cianeto

A controvérsia em torno do cianeto e seu uso durante a Segunda Guerra Mundial levou à criação de regulamentações rigorosas para controlar sua fabricação, transporte e utilização em aplicações industriais. Organizações como o ICMI desempenham um papel fundamental na definição de padrões de segurança e boas práticas na gestão do cianeto.

Empresas que utilizam cianeto são obrigadas a seguir estritas diretrizes de segurança, que incluem o treinamento adequado de funcionários, o armazenamento seguro, a prevenção de vazamentos e a disposição responsável de seus resíduos. Essas medidas visam garantir que os benefícios do uso do cianeto sejam obtidos sem comprometer a saúde humana e o meio ambiente.

UM EQUILÍBRIO DELICADO

A história do cianeto é uma narrativa complexa, em que seu potencial tanto para o bem quanto para o mal é evidente. Sua descoberta e evolução ao longo do tempo refletem os avanços na ciência e na indústria, mas também destacam os desafios éticos e de segurança que envolvem seu uso.

À medida que avançamos neste livro, exploraremos mais profundamente as regulamentações e práticas de segurança que foram implementadas para gerenciar o cianeto de maneira responsável e os avanços na tecnologia que contribuíram para seu uso seguro nas indústrias modernas. O equilíbrio entre aproveitar os benefícios do cianeto e proteger a vida humana e o ambiente continua sendo uma questão crucial na gestão dessa substância poderosa.

CAPÍTULO 2

O QUE É O CIANETO: USOS E APLICAÇÕES

Neste capítulo, adentraremos o mundo dos cianetos, uma classe de compostos químicos que apresentam o grupo cianeto (CN), uma ligação entre carbono e nitrogênio, como elemento central. Os cianetos são amplamente encontrados na forma de sais ou compostos orgânicos que incorporam o íon cianeto (CN-). Embora nos concentremos principalmente no cianeto de sódio, é importante reconhecer a diversidade desses compostos.

Cianetos em diversas formas

Os cianetos são versáteis e desempenham papéis em várias aplicações industriais. Um dos sais de cianeto mais conhecidos é o cianeto de sódio (NaCN), que é derivado do ácido cianídrico (HCN) e do hidróxido de sódio (NaOH) através da reação química:

$$HCN + NaOH \rightarrow NaCN + H_2O$$

O cianeto de sódio é reconhecido por sua aparência como um sólido branco e por ser altamente solúvel em água. No entanto, a família dos cianetos vai além do cianeto de sódio. Outros exemplos incluem cianeto de potássio (KCN), cianeto de hidrogênio (HCN) e cianeto de mercúrio [$Hg(CN)_2$].

Diversidade de usos e aplicações

Os cianetos desempenham um papel significativo em várias indústrias, em virtude de suas propriedades únicas:

1. Indústria de mineração: a lixiviação por cianeto, que envolve a dissolução de metais preciosos em soluções de cianeto, é uma técnica essencial para a extração de ouro e prata de minérios.
2. Indústria química: os cianetos são utilizados como reagentes em várias reações químicas, tanto na síntese de produtos químicos orgânicos quanto inorgânicos.
3. Galvanoplastia: na galvanoplastia, os cianetos são empregados para criar banhos galvânicos, permitindo a deposição controlada de metais em superfícies de objetos para fins decorativos ou de proteção contra corrosão.
4. Produção de produtos químicos: o cianeto de sódio, por exemplo, é usado na fabricação de outros produtos químicos, como o cianeto de potássio (KCN), que possui diversas aplicações industriais.
5. Indústria farmacêutica: em certas sínteses químicas na indústria farmacêutica, os cianetos podem ser empregados como reagentes.

Riscos e precauções

É imperativo destacar que os cianetos, incluindo o cianeto de sódio, são substâncias extremamente tóxicas para os seres humanos e a vida selvagem. O manuseio inadequado dessas substâncias pode resultar em riscos graves para a saúde e o meio ambiente. As indústrias que utilizam cianetos frequentemente implementam protocolos rigorosos de segurança e procedimentos de gerenciamento de resíduos para mitigar esses riscos.

À medida que avançamos neste livro, exploraremos não apenas os usos e aplicações dos cianetos em suas diversas formas, mas também abordaremos os desafios e a importância da gestão responsável dessas substâncias. Além disso, discutiremos em detalhes as regulamentações que regem o uso de cianetos e as melhores práticas para seu manuseio seguro.

Formas de apresentação do cianeto industrializado e encontrado na natureza

Cianeto industrializado

O cianeto industrializado é disponibilizado no mercado em várias formas de apresentação, cada uma adequada a diferentes aplicações e necessidades. As três formas mais comuns de apresentação do cianeto industrializado são briquete, pó e solução.

» Briquete de cianeto: os briquetes de cianeto são sólidos compactos geralmente na forma de pequenas pastilhas ou blocos. Eles são convenientes para o armazenamento e manuseio, tornando-os uma escolha popular na indústria de mineração. Os briquetes são frequentemente usados na lixiviação por cianeto para a extração de ouro e prata de minérios. Eles são dissolvidos em água para formar uma solução de cianeto utilizada no processo.

» Pó de cianeto: o cianeto também é produzido e comercializado na forma de pó. Esta forma é usada em uma variedade de aplicações industriais e químicas. O pó de cianeto é altamente solúvel em água, o que facilita a preparação de soluções de cianeto para diferentes fins, como galvanoplastia e fabricação de produtos químicos.

» Solução de cianeto: as soluções de cianeto são preparadas dissolvendo-se cianeto sólido (briquetes ou pó) em água. Essas soluções têm concentrações variáveis de cianeto, dependendo das necessidades específicas da aplicação. A solução de cianeto é amplamente utilizada na indústria de mineração para a lixiviação de minérios, onde o cianeto desempenha um papel crucial na extração de metais preciosos.

A carmoisina (também conhecida como azorrubina) é um corante alimentar amplamente utilizado na indústria para conferir cores vermelhas e rosadas a produtos como alimentos, bebidas e medicamentos. No contexto do programa do Código de Cianeto, elaborado pelo ICMI, a carmoisina desempenha um papel importante como parte das práticas de segurança em relação ao manuseio de produtos que contêm cianeto.

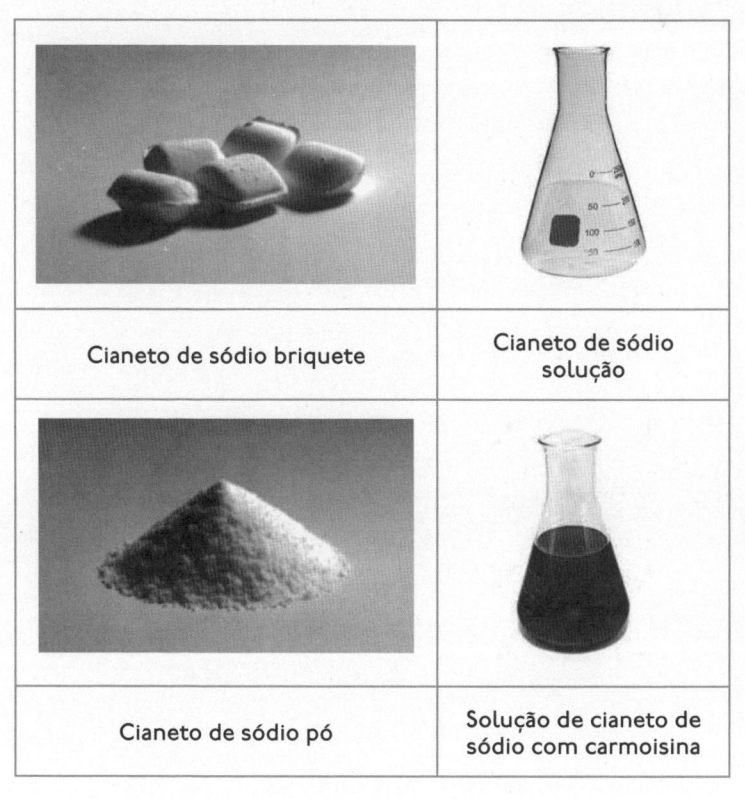

Cianeto de sódio briquete	Cianeto de sódio solução
Cianeto de sódio pó	Solução de cianeto de sódio com carmoisina

FIGURA I
Fonte: Manual do Produto – Proquigel Química S/A.

Utilização da carmoisina para identificação de produtos de cianeto

O uso da carmoisina tem como principal objetivo fornecer um auxílio visual rápido e eficaz na identificação de produtos que contêm cianeto. Isso é crucial para a segurança e para evitar a contaminação cruzada, especialmente em ambientes industriais onde o cianeto é manipulado. Aqui estão algumas maneiras pelas quais a carmoisina é usada para esse fim:

1. Marcação de recipientes: os recipientes que contêm produtos que utilizam cianeto em seus processos industriais são frequentemente marcados com a adição de carmoisina. A cor vermelha ou rosa resultante é altamente visível e serve como uma identificação clara de que o conteúdo do recipiente pode ser potencialmente perigoso.
2. Etiquetas e sinalização: além da marcação dos próprios recipientes, etiquetas e sinalização que contêm carmoisina são frequentemente usadas em áreas onde produtos de cianeto são armazenados, manuseados ou processados. Isso ajuda a alertar os trabalhadores e outros indivíduos sobre a presença de cianeto e a necessidade de precauções especiais.

O papel do Código Internacional de Cianeto e do ICMI

O Código de Cianeto é um programa que estabelece diretrizes e padrões para a gestão responsável do cianeto na indústria. Sua implementação visa minimizar os riscos associados ao cianeto e promover práticas seguras em todas as etapas, desde a produção até o transporte e a utilização final. A utilização da carmoisina para identificação de produtos é uma das práticas recomendadas pelo ICMI.

É importante observar que a adição de carmoisina a produtos não afeta a qualidade ou a eficácia deles em suas respectivas aplicações. Em vez disso, esse corante desempenha um papel vital na segurança, ajudando a prevenir acidentes e garantindo que os produtos de cianeto sejam manuseados com o devido cuidado.

Em resumo, a carmoisina é um componente importante na gestão de segurança relacionada ao cianeto, garantindo uma rápida identificação visual de produtos que contêm esse composto, de acordo com as exigências do Código de Cianeto. Essa medida contribui para a promoção de práticas industriais responsáveis e para a prevenção de riscos associados ao manuseio de cianeto.

Cianeto na natureza

Além da forma industrializada, o cianeto também ocorre naturalmente em diversas formas na natureza. Uma das fontes mais comuns de cianeto natural é a planta conhecida como mandioca (*Manihot esculenta*). As raízes da mandioca contêm compostos de cianeto, que são tóxicos quando consumidos em quantidades significativas e inadequadamente processados. Populações que dependem da mandioca como fonte de alimento aprenderam as técnicas de processamento para reduzir os níveis de cianeto antes do consumo.

Outras fontes naturais de cianeto incluem certas plantas, como as rosáceas do gênero *Prunus* (que inclui amêndoas amargas), bem como algumas sementes de frutas. Além disso, a atividade vulcânica e a queima de materiais orgânicos podem liberar pequenas quantidades de cianeto na atmosfera.

É importante notar que, embora o cianeto ocorra naturalmente em algumas plantas e ambientes, a forma industrializada é muito mais concentrada e tóxica. A gestão cuidadosa do cianeto é essencial para garantir que ele seja usado de maneira segura na indústria e que os riscos à saúde humana e ao meio ambiente sejam minimizados. Regulamentações estritas e boas práticas industriais desempenham um papel fundamental nesse processo.

Usos e aplicações

O cianeto de sódio (NaCN) desempenha um papel fundamental em várias indústrias em razão de sua versatilidade e eficácia. Suas principais aplicações incluem:

- » Extração de minérios preciosos: o cianeto de sódio é amplamente utilizado na extração de minérios preciosos, como ouro e prata. Esse processo é considerado mais seguro para o meio ambiente em comparação com alternativas como o mercúrio.
- » Indústria farmacêutica: o composto também é empregado na fabricação de produtos farmacêuticos, onde desempenha um papel crítico em diversas sínteses químicas.
- » Produção de corantes: o cianeto de sódio é um componente essencial na produção de corantes, contribuindo para a ampla variedade de cores disponíveis em produtos industriais e de consumo.
- » Tratamento de metais: na indústria metalúrgica, é utilizado para o endurecimento e limpeza de metais, melhorando suas propriedades e qualidade.

Propriedades físico-químicas:
CAS 143-33-9

Propriedades físico-químicas e segurança

Para compreender completamente o cianeto de sódio, é essencial examinar suas propriedades físico-químicas. Este composto é registrado com o Chemical Abstracts Service (CAS) número 143-33-9, e possui várias formas de apresentação, cada uma com características distintas:

Solução 30%:
- » Estado físico: líquido.
- » Cor: aspecto rosa a vermelho (com adição de carmoisina).
- » Odor: amêndoas.
- » Solubilidade: totalmente miscível em água.
- » pH: aproximadamente 11,0 (solução aquosa a 5 g/L).
- » Ponto de ebulição: 109°C (228°F), 760 mmHg.
- » Pressão de vapor: 24 mmHg, 25°C.
- » Classificação: tóxico.
- » Grupo de Embalagem: I.

Briquete:
- » Estado físico: sólido.
- » Cor: branco.
- » Odor: inodoro quando seco, amêndoas amargas quando umedecido.
- » Solubilidade: 36 g/100 g de solução a 20°C (68°F).
- » Gravidade específica: 1,60 a 25°C/4°C.

- » Ponto de fusão: 564°C (1047°F).
- » Número da ONU: 1689.
- » Classificação: tóxico.
- » Grupo de Embalagem: I.

Pó:
- » Estado físico: sólido.
- » Cor: branco.
- » Solubilidade: não aplicável.
- » Ponto de fusão: 564°C (1047°F).
- » Classificação: tóxico.
- » Grupo de Embalagem: I.

A presença de carmoisina (um corante alimentar) altera a cor do cianeto de sódio para vermelho ou rosa.

Essas informações são essenciais para o manuseio seguro do cianeto de sódio, conforme exigido pelo ICMI. O Instituto estabelece diretrizes rigorosas para a gestão responsável do cianeto, com o objetivo de minimizar os riscos associados ao seu uso e garantir a segurança de pessoas e do meio ambiente. O uso de carmoisina como corante auxiliar contribui para uma identificação visual clara desses produtos, promovendo a segurança em ambientes industriais.

CAPÍTULO 3

Reações químicas com cianeto: riscos e controle

A jornada pela compreensão abrangente do cianeto e suas implicações na gestão ambiental, segurança e saúde humana nos conduz agora a um capítulo crucial: "Reações químicas com cianeto". Aqui, adentraremos o mundo intrincado das interações químicas envolvendo o cianeto, revelando os riscos intrínsecos e as medidas de controle fundamentais para seu manuseio seguro.

O cianeto, em suas várias formas e composições, é uma substância notável por suas propriedades químicas e aplicações industriais. No entanto, essa mesma versatilidade química que o torna valioso também traz consigo riscos substanciais. A interação do cianeto com elementos e compostos específicos pode resultar na liberação de gases tóxicos, inflamáveis e altamente perigosos, colocando em risco a vida humana e o ambiente.

Neste capítulo, exploraremos essas reações químicas críticas, começando pelas reações com a água, em que a manutenção cuidadosa do pH é essencial para evitar a liberação do ácido cianídrico (HCN). Em seguida, mergulharemos nas reações do cianeto com oxidantes, compreendendo como o controle do ambiente e da concentração é crucial para minimizar os riscos. Por fim, exploraremos as reações com ácidos, destacando os perigos associados à formação de gases tóxicos e inflamáveis.

À medida que avançamos, é crucial manter uma visão clara de que o conhecimento e o rigor nas práticas de segurança são a chave para um manuseio responsável do cianeto. Este capítulo servirá como um guia abrangente para aqueles que buscam entender e gerenciar os desafios das reações químicas envolvendo o cianeto, proporcionando uma base sólida para a gestão ambiental eficaz e a segurança na indústria.

Reações do cianeto de sódio com água: regulação do pH para prevenir a liberação de HCN

A reação do cianeto de sódio (NaCN) com a água é um aspecto crítico que merece atenção especial em razão da liberação potencialmente perigosa de ácido cianídrico (HCN), um gás altamente tóxico. Entender as condições sob as quais essa reação ocorre e saber como controlá-la é fundamental para garantir a segurança no manuseio do cianeto de sódio.

Liberação de HCN pela reação do cianeto de sódio com água

Quando o cianeto de sódio entra em contato com a água, ocorre a seguinte reação química:

$$NaCN + H_2O \rightarrow NaOH + HCN$$

Nessa reação, o cianeto de sódio (NaCN) reage com a água (H_2O) para formar hidróxido de sódio (NaOH) e ácido cianídrico (HCN). O HCN é o composto de maior preocupação em virtude de sua toxicidade.

Fatores que influenciam a liberação de HCN

A quantidade de HCN liberada durante essa reação depende de vários fatores, incluindo:

1. pH: o pH da solução desempenha um papel crucial na determinação da liberação de HCN. Para evitar a formação de HCN, o pH deve ser mantido entre 12,5 e 13. Manter um pH alcalino nessa faixa é uma medida de segurança fundamental.
2. Temperatura: a temperatura também afeta a velocidade da reação. Em temperaturas mais altas, a liberação de HCN pode ser mais rápida, tornando o controle do pH ainda mais crítico.
3. Concentração: a concentração de cianeto de sódio na solução também influencia a quantidade de HCN formada. Soluções mais concentradas têm o potencial de liberar mais HCN durante a reação.
4. Controle do pH para prevenir a liberação de HCN: Em ambientes onde se lida com cianeto de sódio, como na indústria de mineração, garantir a segurança no manuseio desse composto é primordial. Uma das medidas cruciais para evitar a liberação de ácido cianídrico (HCN) e proteger a saúde humana e o meio ambiente, é manter um ambiente alcalino com um pH controlado entre 12,5 e 13.

Esse controle de pH é geralmente alcançado por meio da adição de agentes alcalinos à solução contendo cianeto de sódio. Duas substâncias comumente utilizadas para essa finalidade são o hidróxido de sódio (NaOH) e a cal, também conhecida como hidróxido de cálcio ($Ca(OH)_2$). Ambas desempenham um papel fundamental na neutralização do HCN formado durante as reações químicas. O NaOH, também chamado de soda cáustica, reage com o ácido cianídrico, convertendo-o em íon cianeto (CN-). Esse íon é muito menos volátil e, consequentemente, menos tóxico que o HCN gasoso. O resultado é um ambiente mais seguro para o trabalho e menos riscos à saúde dos trabalhadores.

A cal, por sua vez, também é eficaz na alcalinização da solução de cianeto. Quando adicionada à solução, o $Ca(OH)_2$ reage com o ácido cianídrico, formando íons cianeto e água. Esse processo tem o mesmo efeito benéfico de reduzir a volatilidade e a toxicidade do cianeto na solução.

Independentemente de usar soda cáustica ou cal, é fundamental que todo o processo de controle de pH seja documentado de acordo com os procedimentos operacionais padrão (POP) da empresa. Esses procedimentos devem incluir detalhes específicos sobre a dosagem, a frequência das medições de pH e as precauções de segurança a serem seguidas durante todo o processo.

Além disso, é importante que os profissionais envolvidos no manuseio do cianeto de sódio sejam treinados e estejam cientes da importância de manter o pH sob controle. A segurança no trabalho e a proteção ambiental dependem diretamente da adesão rigorosa a esses procedimentos.

A compreensão das reações químicas do cianeto de sódio com a água e a importância da regulação do pH são aspectos fundamentais na gestão segura do cianeto, minimizando o risco de liberação de HCN e protegendo a saúde humana e o meio ambiente. Portanto, a aplicação adequada de agentes alcalinos, como NaOH ou cal, desempenha um papel vital na mitigação dos perigos associados ao manuseio desse composto químico.

Reações do cianeto com oxidantes: potencial liberação de HCN

As reações do cianeto com oxidantes constituem outro aspecto crítico a ser considerado quando se lida com substâncias que contenham cianeto, como o cianeto de sódio (NaCN). A interação do cianeto com oxidantes pode resultar na liberação do altamente tóxico ácido cianídrico (HCN), um gás que requer extrema precaução.

Reações do cianeto com oxidantes

O cianeto pode reagir com uma variedade de substâncias oxidantes, incluindo, mas não se limitando a:

1. Flúor (F_2): a reação do cianeto com flúor pode levar à formação de cianeto de nitrosilo (NO(CN)), resultando na liberação de HCN.
2. Magnésio (Mg): o cianeto pode reagir com magnésio em condições adequadas, liberando HCN.
3. Nitratos e nitritos: nitratos (NO_3^-) e nitritos (NO_2^-) podem reagir com o cianeto, especialmente em meio ácido, levando à formação de HCN.
4. Sulfeto de hidrogênio (H_2S): o sulfeto de hidrogênio é um oxidante que pode reagir com o cianeto, resultando na liberação de HCN.

Condições de risco e controle

É crucial entender que as reações do cianeto com oxidantes representam um risco significativo, especialmente quando ocorrem em áreas confinadas ou em condições inadequadas de pH. A liberação de HCN durante essas reações pode ser extremamente perigosa em razão da toxicidade desse gás.

O risco aumenta consideravelmente se o pH da solução estiver abaixo de 12,5 a 13, faixa alcalina em que a formação de HCN é menos provável. Portanto, manter o pH alcalino é uma medida de segurança crucial para prevenir a liberação de HCN, não apenas nas reações com a água, como mencionado anteriormente, mas também nas reações com oxidantes.

Medidas de segurança e controle

Para mitigar o risco associado às reações do cianeto com oxidantes, são implementadas várias medidas de segurança, incluindo:

1. Monitoramento do pH: o controle estrito do pH em soluções contendo cianeto é essencial para prevenir a liberação de HCN. Monitorar e manter o pH na faixa alcalina é uma prática padrão.
2. Uso de áreas bem ventiladas: evitar que as reações ocorram em áreas confinadas ajuda a dissipar qualquer HCN liberado, reduzindo o risco de exposição.
3. Treinamento adequado: os funcionários que trabalham com substâncias contendo cianeto devem receber treinamento adequado sobre os riscos associados e as medidas de segurança a serem seguidas.

4. Armazenamento seguro: substâncias que contêm cianeto devem ser armazenadas de acordo com regulamentações específicas e diretrizes de segurança.

A compreensão das reações do cianeto com oxidantes é fundamental para garantir a segurança no manuseio dessas substâncias, minimizando o risco de liberação de HCN e protegendo a saúde dos trabalhadores e o ambiente. A aplicação rigorosa de medidas de segurança e o cumprimento das regulamentações são essenciais para mitigar esses riscos.

Reações do cianeto com ácidos: formação de gases tóxicos e inflamáveis

As reações do cianeto com ácidos representam uma área crítica de preocupação em virtude da formação de gases altamente tóxicos e inflamáveis. Quando o cianeto entra em contato com ácidos, ocorrem reações que liberam gases perigosos, exigindo extrema cautela em ambientes industriais e laboratoriais.

Reações do cianeto com ácidos

O cianeto pode reagir vigorosamente com diversos ácidos, incluindo, mas não se limitando a:

1. Ácido fosfórico (H_3PO_4): a reação do cianeto com ácido fosfórico pode resultar na liberação de ácido cianídrico (HCN), um gás altamente tóxico.
2. Ácido clorídrico (HCl): o contato entre o cianeto e o ácido clorídrico também pode gerar HCN, representando um sério risco para a saúde e segurança.

3. Ácido sulfúrico (H_2SO_4): a reação do cianeto com ácido sulfúrico pode levar à formação de dióxido de enxofre (SO_2), cianeto de enxofre (SCN-), e outros compostos tóxicos e inflamáveis.

Riscos associados às reações do cianeto com ácidos

As reações do cianeto com ácidos têm implicações críticas em razão da toxicidade e inflamabilidade dos gases liberados. O ácido cianídrico (HCN) é particularmente perigoso quando liberado em quantidade significativa, pois é altamente tóxico e pode levar a graves consequências para a saúde, incluindo a asfixia.

Além disso, a formação de gases inflamáveis, como o dióxido de enxofre (SO_2), aumenta o risco de incêndio ou explosão quando as reações ocorrem em ambientes inadequadamente ventilados ou em proximidade a fontes de ignição.

Medidas de segurança e controle

Para mitigar os riscos associados às reações do cianeto com ácidos, são implementadas várias medidas de segurança, incluindo:

1. Ventilação adequada: é fundamental realizar essas reações em áreas bem ventiladas para evitar a acumulação de gases tóxicos e inflamáveis.
2. Treinamento e equipamento de proteção: os trabalhadores que lidam com substâncias que contêm cianeto devem receber treinamento apropriado e usar equipamento de proteção pessoal, como máscaras contra gases ácidos ou ar mandado, para evitar a exposição aos gases tóxicos.

3. Controle de fontes de ignição: em ambientes onde há risco de formação de gases inflamáveis, é essencial controlar e eliminar fontes de ignição, como faíscas ou chamas abertas.
4. Manuseio seguro de produtos químicos: seguir rigorosamente os procedimentos de manuseio de produtos químicos, incluindo o armazenamento adequado, a rotulagem e o descarte seguro de resíduos químicos.
5. Monitoramento contínuo: monitorar de forma contínua os níveis de gases tóxicos e inflamáveis em áreas onde essas reações podem ocorrer para detectar precocemente qualquer vazamento ou exposição.

As reações do cianeto com ácidos exigem uma abordagem rigorosa de segurança, com protocolos operacionais bem definidos e o cumprimento estrito das regulamentações relevantes. O foco principal é evitar a formação e a liberação de gases tóxicos e inflamáveis, protegendo, assim, a saúde dos trabalhadores e a segurança das instalações.

Reações químicas com cianeto: riscos e controle

Neste capítulo, exploramos as reações químicas que envolvem o cianeto e os riscos intrínsecos associados a essas reações, bem como as medidas de controle necessárias para garantir um manuseio seguro dessas substâncias.

a) Reações do cianeto de sódio com água: regulação do pH para prevenir a liberação de HCN

O contato do cianeto de sódio com a água pode resultar na liberação do ácido cianídrico (HCN), um gás altamente tóxico. A quantidade de HCN liberada depende de fatores como pH, temperatura e concentração. Manter o pH entre 12,5 e 13 é crítico para evitar a liberação de HCN, e essa medida de segurança é essencial em ambientes confinados.

b) Reações do cianeto com oxidantes: potencial liberação de HCN
As reações do cianeto com oxidantes, como flúor, magnésio, nitratos e nitritos, também podem levar à formação de HCN. Essas reações representam riscos significativos, especialmente em áreas confinadas. O controle rigoroso do pH alcalino e uma ventilação adequada são medidas essenciais para prevenir a liberação de HCN.

c) Reações do cianeto com ácidos: formação de gases tóxicos e inflamáveis
Quando o cianeto entra em contato com ácidos, como ácido fosfórico, clorídrico e sulfúrico, gases perigosos e inflamáveis são gerados. O ácido cianídrico (HCN) é altamente tóxico e requer precauções rigorosas. A ventilação adequada, treinamento de pessoal e controle de fontes de ignição são fundamentais para prevenir acidentes.

Conclusão do capítulo

A compreensão das reações químicas envolvendo o cianeto é essencial para a gestão segura dessas substâncias. A prevenção da liberação de HCN e de outros gases perigosos é a principal prioridade. O uso de medidas de segurança, treinamento especializado e o cumprimento de regulamentações são cruciais para proteger a saúde humana e o meio ambiente em espaços onde o cianeto é manuseado.

CAPÍTULO 4

SEGURANÇA PESSOAL E MECANISMOS DE INTOXICAÇÃO CIANÍDRICA

A segurança no manuseio de substâncias que contêm cianeto é de suma importância para proteger a saúde dos trabalhadores e o meio ambiente. No capítulo anterior, exploramos as complexas reações químicas do cianeto e os riscos inerentes a elas. Agora, adentramos o quarto capítulo deste livro, no qual nos concentraremos na segurança pessoal e nas medidas de primeiros socorros necessárias para enfrentar situações que envolvam cianeto.

A manipulação responsável de substâncias cianídricas exige um conhecimento sólido das práticas de segurança pessoal, bem como a capacidade de responder eficazmente em caso de acidentes ou exposições inesperadas. Este capítulo é projetado para fornecer orientações abrangentes sobre como os trabalhadores podem proteger a si mesmos e como as equipes de resposta a emergências podem lidar com situações que envolvam cianeto.

Abordaremos uma ampla gama de tópicos, desde o uso adequado de equipamentos de proteção individual (EPI) até procedimentos de evasão em caso de vazamentos ou acidentes. Além disso, examinaremos as medidas de primeiros socorros que podem ser aplicadas em casos de exposição ao cianeto, visando minimizar os danos e salvar vidas.

A segurança pessoal é a base de todas as operações que envolvem cianeto. Este capítulo é uma valiosa ferramenta para trabalhadores, gerentes e equipes de resposta a emergências que buscam aprofundar seu entendimento sobre como garantir um ambiente de trabalho seguro quando lidam com essa substância potencialmente perigosa.

O cianeto de sódio é uma substância química notoriamente perigosa, cujos riscos à saúde e à segurança são de extrema importância. Até mesmo exposições a níveis baixos podem ter consequências potencialmente fatais. Neste tópico, abordaremos os perigos associados ao cianeto de sódio e a importância de normas de segurança e treinamento para proteger a saúde daqueles que o manuseiam.

Perigos da exposição ao cianeto de sódio

Mesmo em concentrações aparentemente mínimas, o cianeto de sódio representa uma ameaça real à vida humana. Os gases liberados a partir dessa substância podem causar uma série de danos à saúde, incluindo:

1. Irritações respiratórias: os gases cianídricos podem causar irritações nas vias respiratórias, levando a dificuldades respiratórias e desconforto.
2. Danos ao sistema nervoso central: a exposição prolongada ao cianeto pode afetar o sistema nervoso central, resultando em sintomas neurológicos graves, como confusão, convulsões e coma.

3. Danos aos órgãos internos: o cianeto tem o potencial de causar danos aos órgãos internos, incluindo o coração, pulmões, fígado e rins.
4. Reações alérgicas: algumas pessoas podem desenvolver reações alérgicas à exposição ao cianeto, que variam em gravidade.
5. Queimaduras: o contato com vapores ou soluções de cianeto pode resultar em queimaduras na pele e nos olhos.

Monitoramento e controle ambiental

Por causa da absorção potencial do HCN (ácido cianídrico) pela pele, o monitoramento do ambiente é crucial, mesmo quando as pessoas estão utilizando máscaras de proteção respiratória. Isso garante que os níveis de concentração do gás sejam controlados, evitando exposições prolongadas acima dos limites permitidos.

Intoxicação por cianeto: mecanismo de intoxicação

Na Figura 2, uma representação gráfica das etapas de intoxicação por cianeto extraída do Manual do Produto da empresa Proquigel Química:

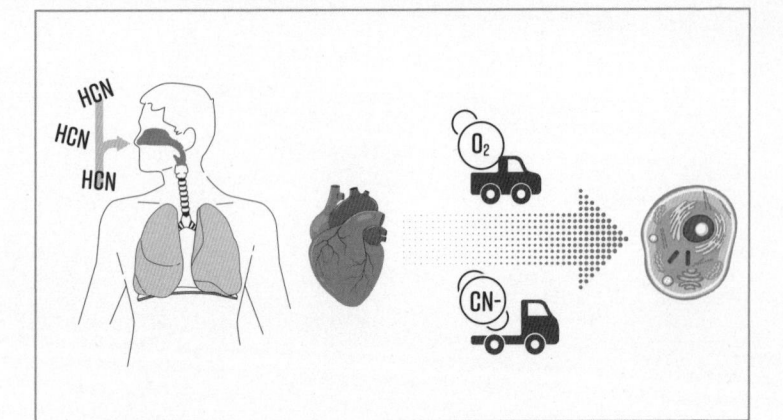

1ª ETAPA
HCN é absorvido pelo organismo e transportado pelo sangue para o corpo:
- CN- ligado a proteínas
- Oxigênio ligado a hemoglobinas

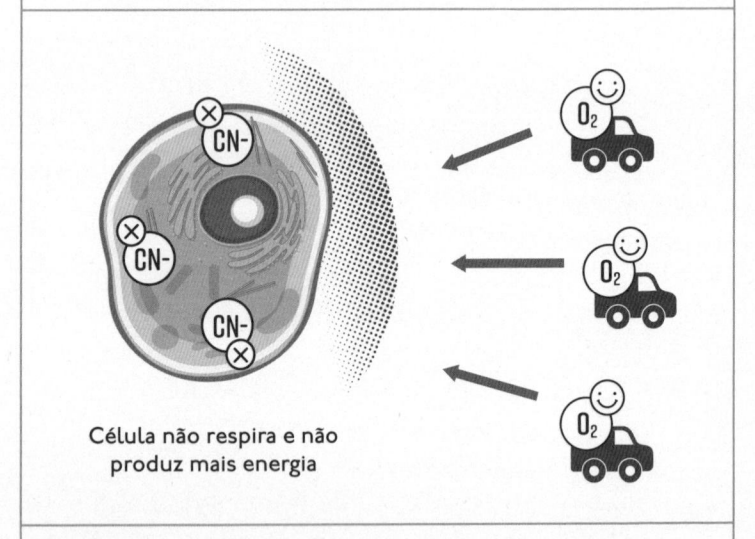

Célula não respira e não produz mais energia

2ª ETAPA
O CN- entra na célula, não permite a entrada do oxigênio, bloqueia a respiração celular e a produção de energia (ATP).

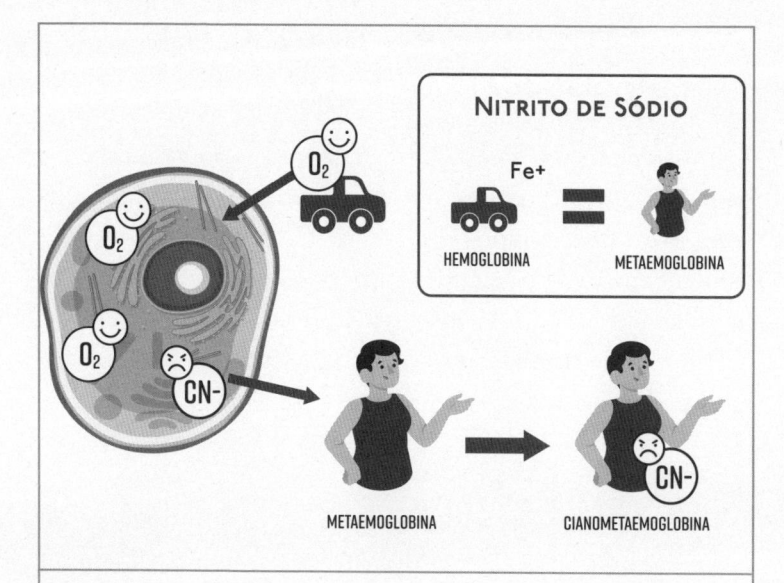

3ª ETAPA
O corpo irá transformar hemoglobinas em metaemoglobinas para tirar o CN- de dentro das células e permitir a entrada do oxigênio.

4ª ETAPA
O corpo vai usar o tiossulfato de sódio para retirar o CN- da cianometaemoglobina e formar o tiocianato de sódio, que será eliminado pela urina.

FIGURA 2
Fonte: Manual do Produto – Proquigel Química S/A.

Mecanismo de Intoxicação por Cianeto no Corpo Humano

A intoxicação por cianeto é um processo potencialmente letal que ocorre quando o ácido cianídrico (HCN) ou seus compostos liberam íons de cianeto (CN-) no organismo. O cianeto atua interrompendo o processo de respiração celular, que é essencial para a produção de energia nas células do corpo. Aqui está uma descrição detalhada do mecanismo de intoxicação por cianeto no corpo humano:

Inalação ou ingestão:

- » A exposição ao cianeto pode ocorrer por inalação de vapores, ingestão de substâncias contendo cianeto ou absorção através da pele.
- » Uma vez no corpo, o cianeto é rapidamente absorvido na corrente sanguínea.

Transporte para as células:

- » O cianeto é transportado pelo sangue para as células em todo o corpo.

Inibição da respiração celular:

- » O cianeto age como um inibidor enzimático, alvejando especificamente a citocromo c oxidase, uma enzima encontrada na cadeia de transporte de elétrons nas mitocôndrias das células.
- » A citocromo c oxidase é essencial para a transferência de elétrons durante a respiração celular, um processo fundamental para a produção de ATP (trifosfato de adenosina), a principal fonte de energia das células.

» A inibição de citocromo c oxidase impede a célula de produzir energia adequadamente, levando à paralisação do metabolismo celular.

Acúmulo de ácido lático:
» Com a respiração celular comprometida, o metabolismo anaeróbio se torna predominante.
» Isso leva à acumulação de ácido lático, que causa acidose metabólica, resultando em diminuição do pH do sangue e aumento da acidez.

Sintomas e efeitos:
» A intoxicação por cianeto manifesta-se rapidamente com sintomas graves, incluindo dificuldade respiratória, convulsões, confusão, perda de consciência, parada cardíaca e coma.
» A vítima pode exibir uma coloração de pele característica, muitas vezes referida como "cianose" (coloração azulada), decorrente da falta de oxigênio no sangue.
» Se não tratada imediatamente, a intoxicação por cianeto pode levar à morte em questão de minutos.

Tratamento de intoxicação por cianeto:
» O tratamento imediato é crucial. Envolve a administração de um antídoto, como o nitrito de amila ou o nitrito de sódio, que liga o cianeto no sangue, formando um complexo menos tóxico.
» Também é comum a administração de tiossulfato de sódio, que converte o cianeto em tiocianato, uma substância menos tóxica que é eliminada do corpo pela urina.

Prognóstico:
» O prognóstico da intoxicação por cianeto depende da rapidez com que o tratamento é iniciado.
» Em casos de intoxicação grave não tratada, o risco de morte é muito elevado.

É importante ressaltar que a intoxicação por cianeto é uma emergência médica que requer assistência imediata. A prevenção é a chave, e a manipulação segura de substâncias que contenham cianeto é fundamental para evitar exposições perigosas e potencialmente fatais a essa substância.

É fundamental que todas as etapas de exposição ao cianeto sejam compreendidas e que medidas de prevenção, como o uso de EPIs adequados, sejam estritamente observadas para evitar a exposição e seus efeitos nocivos.

Normas de manuseio seguro e treinamento

A gravidade dos riscos associados ao cianeto de sódio exige a implementação de normas rigorosas de manuseio seguro. Todo o pessoal envolvido, direta ou indiretamente, deve ser treinado de forma regular e estar ciente das precauções a serem tomadas. O não cumprimento dessas normas pode resultar em sérios danos à saúde pessoal e ao ambiente.

Este capítulo é um guia essencial para entender os perigos do cianeto de sódio e estabelecer protocolos de segurança robustos a fim de proteger a saúde humana e a integridade do meio ambiente. A compreensão dos riscos é o primeiro passo para garantir um manuseio responsável dessa substância potencialmente letal.

Precauções de segurança: salvaguardando a vida e a saúde

A segurança no manuseio do cianeto de sódio é de extrema importância, e a observância rigorosa de precauções é essencial para proteger a vida e a saúde. Aqui estão diretrizes detalhadas sobre como se proteger ao trabalhar com cianeto:

» Vestuário e equipamentos de proteção: nunca entre em locais onde possa haver presença de vapores de HCN sem o uso de roupas apropriadas e equipamentos de proteção aprovados. Isso inclui vestimenta adequada, como um macacão de proteção química tipo A, que é projetado especificamente para resistir a substâncias químicas perigosas. Além disso, é essencial usar os seguintes EPIs aprovados: luvas de PVC resistentes a produtos químicos ou material equivalente, devendo ser consultado o fabricante; botas de borracha que cubram as pernas; máscara facial com filtro químico para HCN; em situações de risco acentuado ou que seja desconhecido o risco, deve-se utilizar ar mandado ou equipamento autônomo. Esses EPIs são cruciais para proteger contra a exposição direta ao HCN e devem ser utilizados com a vestimenta adequada.
» Proteção das mãos e olhos: ao manusear soluções de cianeto, é fundamental usar máscaras de proteção e luvas de PVC ou material equivalente para evitar respingos nas mãos e olhos.
» Lavagem imediata em caso de contato: em caso de contato com cianeto, enxágue imediatamente a área afetada com água. A ação rápida pode ajudar a minimizar os danos.

Em caso de qualquer contaminação com cianeto, o trabalhador deverá ser encaminhado ao serviço médico para avaliação dos sinais e sintomas e iniciar o protocolo médico para intoxicação por cianeto.

EPIs ESPECÍFICOS PARA MANUSEIO DO CIANETO DE SÓDIO

Ao lidar com o cianeto de sódio, é imperativo usar equipamentos de proteção individual (EPIs) específicos. Os EPIs recomendados incluem:

» Luvas e botas de PVC: esses itens ajudam a proteger as mãos e os pés do contato com o cianeto. Atualmente a indústria de segurança pessoal oferece outros materiais que são mais eficientes que o PVC, mas deve-se, antes de especificar o EPI, consultar o fabricante e avaliar a tabela de compatibilidade química.

» Macacão para proteção química nível B: um macacão resistente a produtos químicos, como o tipo Tychem® ou similar, é essencial para proteger o corpo contra respingos e exposição direta. Note que anteriormente citamos o tipo A, essa condição ocorre em ambientes em que haja descontrole, ou seja, desconhecida a concentração do contaminante no ambiente, em situações controladas, por exemplo, a liberação de uma bomba em uma planta, pode-se utilizar a proteção nível B.

» O macacão Tychem® é de fabricação da DuPont™ e bastante conhecido no mercado, entretanto, existem outros EPIs fornecidos por outros fabricantes; logo, o leitor pode consultar outras opções, observando a

compatibilidade química para a lida com o cianeto.
» Equipamentos de proteção respiratória: dependendo das concentrações de HCN e das condições, diferentes equipamentos respiratórios são necessários:
- Com filtro químico para HCN (filtro químico para gases ácidos): essa condição somente é possível em ambiente totalmente controlado em que não haja a efetiva presença de vapores de ácido cianídrico, ou seja, tem o potencial de uma emanação em baixa concentração. Atente para a saturação do filtro, que pode ocorrer rapidamente, então deve-se estudar de forma adequada o ambiente e o tempo de exposição, além disso, em qualquer situação o filtro deve ser utilizado pela primeira vez. Recomenda-se que a empresa implemente um Programa de Proteção Respiratória rigoroso e avalie os critérios de utilização de filtros químicos. Destaque-se que a melhor condição para a lida com o cianeto é a proteção respiratória máxima, ou seja, a utilização de ar mandado, embora a depender das condições de liberação da atividade haja a possibilidade de máscara facial completa (*full face*) com filtro químico para gases ácidos.

De qualquer forma, a recomendação é que seja consultado formalmente o fabricante, a fim de que seja avaliada a possibilidade de utilização do respirador facial completo com filtro químico para a lida em operações com potencial liberação de cianeto, isso porque o cianeto deve ser considerado um produto letal.

A experiência prática mostra que a melhor recomendação para a lida com o cianeto é a utilização de ar mandado.

- Com ar mandado ou máscara de ar mandado ou equipamento autônomo: para concentrações maiores que 5.000 ppm, exposição prolongada ou em ambientes com concentração de oxigênio abaixo de 18%.

Programa de Proteção Respiratória

Um Programa de Proteção Respiratória eficaz é essencial para garantir a segurança dos trabalhadores que estão expostos ao cianeto de sódio ou outras substâncias perigosas. Esse programa é um conjunto de diretrizes e procedimentos que visam proteger os funcionários de riscos respiratórios no local de trabalho. Além das informações sobre os tipos de respiradores a serem usados, o programa deve incluir:

» Avaliação de risco: uma avaliação completa dos riscos à saúde respiratória deve ser conduzida para determinar quando e onde os respiradores são necessários.
» Seleção adequada: a escolha do tipo correto de respirador deve ser baseada nas concentrações de cianeto, nas condições de trabalho e nas regulamentações locais. Isso inclui a consideração de filtros químicos para gases ácidos ou equipamentos de ar mandado, conforme necessário.
» Treinamento e educação: os funcionários devem ser treinados sobre o uso adequado dos respiradores, incluindo como colocá-los, remover e substituir filtros, manutenção e armazenamento adequados.
» Teste de vedação: uma parte crucial do programa é o teste de vedação dos respiradores. Esse teste garante que o respirador se ajuste adequadamente ao rosto do

usuário e não haja passagem de ar contaminado. Deve ser realizado regularmente para cada funcionário que usa respirador.

» Manutenção e inspeção: os respiradores devem ser inspecionados regularmente e mantidos de acordo com as especificações do fabricante.

» Monitoramento contínuo: a eficácia do programa deve ser monitorada continuamente, com ajustes feitos conforme necessário.

Teste de vedação do respirador: o teste de vedação do respirador é uma etapa crítica na proteção respiratória dos trabalhadores. Ele é projetado para garantir que o respirador se ajuste adequadamente ao rosto do usuário, evitando a entrada de ar contaminado e protegendo contra a exposição a substâncias perigosas, como o cianeto. Existem dois tipos principais de testes de vedação:

» Teste qualitativo de vedação: é frequentemente realizado usando uma solução de teste que tem um sabor ou odor distintos. O usuário do respirador realiza uma série de ações, como respirar fundo ou falar, enquanto a solução é pulverizada no respirador. Se o usuário conseguir detectar o gosto ou odor da solução, isso indica uma falha na vedação.

» Teste quantitativo de vedação: envolve a medição objetiva da vedação do respirador. Um equipamento especializado é usado para quantificar a quantidade de ar que escapa do respirador durante o uso. Isso fornece uma avaliação numérica da vedação, sendo um método mais preciso.

A realização periódica desses testes de vedação é essencial para garantir que os respiradores estejam funcionando corretamente e protegendo de modo eficaz os trabalhadores. Qualquer falha na vedação deve ser corrigida imediatamente antes que o funcionário retorne ao trabalho em áreas com cianeto ou outras substâncias perigosas.

Prática comum de utilização da máscara facial com filtro para gases ácidos como máscara de fuga

É prática comum em plantas e instalações onde o cianeto está presente adotar a máscara facial completa com filtro para gases ácidos como uma máscara de fuga. Essa medida é uma camada adicional de segurança e é geralmente adotada como um procedimento padrão em locais onde a exposição ao cianeto é uma preocupação. Nesses casos, todos os operadores e trabalhadores devem portar a máscara de fuga de fácil acesso, permitindo uma resposta rápida em caso de emergência. A máscara de fuga é projetada para ser rapidamente colocada e oferece proteção imediata em situações de escape, garantindo que os trabalhadores possam evadir com segurança em caso de vazamentos ou liberação acidental de cianeto. Ela se torna uma parte fundamental dos protocolos de segurança e respostas a emergências nas instalações com cianeto, visando a proteção eficaz dos trabalhadores.

Medida de evasão e precauções em situações de emergência

A utilização da máscara facial completa com filtro para gases ácidos como máscara de fuga é uma medida essencial para a evasão rápida em emergências envolvendo cianeto. No entanto, além dessa medida, é fundamental estudar a localização estratégica dos equipamentos autônomos de proteção respiratória nas instalações. Esses equipamentos autônomos, como aparelhos de ar mandado ou equipamentos de respiração autônoma, são projetados para fornecer proteção máxima em ambientes onde há risco de exposição ao cianeto.

Em emergências, como vazamentos ou liberação acidental desse composto, os brigadistas e equipes de resposta a emergências devem adentrar a área com cianeto somente com o uso dos equipamentos autônomos. Isso garante uma camada adicional de segurança e proteção para os operadores que estão envolvidos nas operações de resposta a emergências. A localização estratégica desses equipamentos é crucial para garantir que eles estejam prontamente disponíveis quando necessário, permitindo uma resposta rápida e eficaz em caso de ocorrências envolvendo o cianeto. Essas medidas são fundamentais para proteger a saúde e a segurança dos trabalhadores e das equipes de resposta a emergências, minimizando os riscos associados à exposição ao cianeto.

Derramamento do cianeto: ação imediata e segura

O derramamento de cianeto de sódio deve ser tratado com extrema cautela para minimizar a exposição de pessoas e do meio ambiente. As medidas a serem tomadas incluem:

Cianeto de sódio sólido:
» Use os EPIs apropriados para evitar o contato com o produto.
» Delimite a área afetada e mantenha-a seca.
» Recolha o resíduo e acondicione-o em um tambor ou saco plástico apropriado.
» Identifique o resíduo e leve-o para um local de armazenamento adequado, como um galpão de resíduos.

Cianeto de sódio solução:
» Use os EPIs apropriados.
» Delimite a área afetada.
» Adicione pó de serra ou material absorvente adequado para absorver a solução.
» Recolha o resíduo absorvido e acondicione-o adequadamente.
» Identifique e encaminhe-o para o local de armazenamento de resíduos.

Após a limpeza, a área pode ser descontaminada com uma solução de hipoclorito. Adicionar uma pequena quantidade de soda cáustica à solução de hipoclorito ajudará a manter o pH dentro da faixa de 10 a 11.

Seguir rigorosamente essas precauções é fundamental para garantir um ambiente de trabalho seguro ao lidar com o cianeto de sódio. A segurança é uma prioridade absoluta quando se trata de substâncias químicas tão potencialmente perigosas.

Limites de exposição ocupacional: protegendo os trabalhadores

Estabelecer limites seguros de exposição ocupacional ao cianeto de sódio e substâncias relacionadas é fundamental para proteger a saúde dos trabalhadores. A seguir, apresentamos os limites de exposição ocupacional recomendados por duas fontes respeitáveis:

ACGIH (American Conference of Governmental Industrial Hygienists, 2019):

Cianeto de sódio (sais de cianeto): o limite de exposição ocupacional recomendado é de 5 mg/m³. Isso significa que os trabalhadores não devem ser expostos a concentrações de cianeto de sódio no ar superiores a essa quantidade durante um dia de trabalho.

Hidróxido de sódio: o limite de exposição ocupacional recomendado é de 2 mg/m³. Isso define um nível seguro para a exposição ao hidróxido de sódio durante o trabalho.

NR-15 (Norma Regulamentadora 15, Brasil, 1978):

Ácido cianídrico: a NR-15 estabelece um limite de exposição ocupacional de 8 ppm (partes por milhão) para o ácido cianídrico. Esse limite é aplicável no Brasil e define a concentração máxima permitida de ácido cianídrico no ar durante uma jornada de trabalho de 8 horas.

Esses limites são estabelecidos com base em pesquisas científicas e regulamentos de saúde ocupacional para proteger os trabalhadores de riscos à saúde relacionados à exposição a essas substâncias químicas perigosas. É crucial que os empregadores estejam cientes desses limites e tomem medidas adequadas para garantir que os trabalhadores não excedam essas concentrações em seu ambiente de trabalho. O cumprimento dessas diretrizes é essencial para promover um ambiente de trabalho seguro e saudável.

Efeitos da exposição aos vapores de HCN: compreendendo os riscos

A exposição aos vapores de ácido cianídrico (HCN) representa um risco significativo para a saúde humana, com efeitos que variam dependendo da concentração e da duração. É importante entender os efeitos da exposição aos vapores de HCN para tomar medidas de segurança adequadas. A seguir, descrevemos os efeitos com base na concentração de HCN no ambiente:

Concentração de 2 a 5 ppm:
» Nesse nível, algumas pessoas podem perceber um odor de amêndoas amargas.
» Importante notar que 20 a 40% das pessoas podem não sentir esse odor, independentemente do nível de concentração.

Concentração de 20 a 40 ppm:
» Os primeiros sintomas começam a aparecer após exposição prolongada a essas concentrações.
» Os sintomas iniciais podem incluir fraqueza, tontura e confusão.

Concentração de 100 a 200 ppm:
» A exposição a essas concentrações por um período relativamente curto pode ser fatal em um intervalo de tempo que varia de 30 a 60 minutos.
» Os sintomas nesse estágio incluem dificuldade respiratória grave, convulsões e perda de consciência.

Concentração de 300 ppm:
» A exposição a essa concentração é altamente letal e resultará em óbito se a vítima não receber tratamento médico imediato.

É importante destacar que qualquer um dos efeitos citados pode ser muito eficaz se tratado rapidamente.

É fundamental entender que esses valores são estimativas e podem variar de pessoa para pessoa. Além disso, a exposição ao HCN é afetada por fatores como a saúde individual, a idade e a atividade física. Respirações profundas durante o esforço físico podem aumentar a absorção do cianeto e reduzir o tempo para o aparecimento dos sintomas.

Portanto, a exposição a vapores de HCN deve ser tratada como uma emergência médica grave. O tratamento imediato é crucial para a sobrevivência. Isso ressalta a importância de implementar medidas rigorosas de segurança, treinamento adequado e a presença de equipes de primeiros socorros bem treinadas em ambientes onde o cianeto é manuseado. A prevenção e a resposta rápida são essenciais para mitigar os riscos associados à exposição ao HCN.

Toxicidade crônica: consequências da exposição prolongada

A toxicidade crônica resultante da exposição prolongada ao cianeto é uma preocupação séria, e os efeitos podem ser devastadores para a saúde humana. Um dos sinais de alerta precoce é a mudança da tonalidade da pele para um tom azulado, um sintoma conhecido como cianose. Esse sintoma é um indicador crítico de que a condição do indivíduo está se deteriorando rapidamente, e a falta de intervenção imediata pode levar a consequências graves.

Cianose e seus sinais de perigo:
- » A cianose, caracterizada pela coloração azulada da pele, é um sinal precoce de que o sistema cardiovascular e respiratório do corpo está sob estresse extremo.
- » É um sinal crítico de que o cianeto afetou a capacidade do corpo de transportar oxigênio de forma adequada.
- » Quando a cianose é observada, isso deve ser considerado um sinal de alerta máximo, pois indica uma condição potencialmente fatal.

Colapso cardiovascular e parada respiratória:
- » A exposição crônica ao cianeto pode levar a um colapso cardiovascular, em que o sistema circulatório do corpo não consegue mais manter a pressão arterial e o fornecimento de sangue aos órgãos vitais.
- » Isso pode resultar em parada respiratória, situação na qual a respiração cessa completamente.

Risco de coma e morte:

» Se a exposição crônica ao cianeto não for tratada imediatamente após a observação da cianose, a vítima corre o risco de entrar em coma.
» O coma é um estado profundo de inconsciência e pode ser irreversível se não for tratado adequadamente.
» A morte é uma consequência que pode ocorrer se não houver intervenção médica imediata.

É fundamental entender que a toxicidade crônica resultante da exposição prolongada ao cianeto é uma emergência médica grave que requer tratamento imediato e adequado. O reconhecimento precoce dos sinais, como a cianose, é essencial para uma resposta rápida e eficaz. Portanto, em ambientes onde o cianeto é manuseado, é imperativo que haja equipes de primeiros socorros treinadas e que medidas de segurança rigorosas sejam implementadas para evitar a exposição crônica. A prevenção é a chave para proteger a saúde e a vida dos trabalhadores e das pessoas que lidam com o cianeto regularmente.

CAPÍTULO 5

Primeiros socorros e tratamento médico

A segurança e o manuseio responsável do cianeto são imperativos para garantir a proteção da saúde humana e do meio ambiente. No entanto, mesmo com precauções rigorosas, acidentes podem ocorrer. É por isso que este capítulo se dedica a um tema de extrema importância: primeiros socorros e tratamento médico relacionados à exposição ao cianeto.

A exposição ao cianeto, seja por inalação, contato com a pele ou ingestão, requer uma resposta rápida e eficaz para minimizar os riscos à saúde e salvar vidas. Neste capítulo, exploraremos os procedimentos de primeiros socorros essenciais a serem adotados em caso de exposição ao cianeto, bem como o tratamento médico adequado que pode fazer a diferença entre uma recuperação completa e consequências graves.

A compreensão dos sinais de alerta, ações imediatas e a importância do tratamento médico especializado são elementos cruciais na gestão segura do cianeto. Portanto, embarque conosco nesta jornada de conhecimento e prepare-se para adquirir as habilidades e o entendimento necessários para responder eficazmente a emergências relacionadas ao cianeto. A vida e o bem-estar de indivíduos podem depender do conhecimento e da ação rápida de todos os envolvidos na manipulação e gestão dessa substância química crítica.

A experiência demonstra que os primeiros socorros, aplicados imediatamente após a exposição ao cianeto, são cruciais para combater o envenenamento e salvar vidas. A busca por ajuda médica também é fundamental. É imperativo que os kits de tratamento de emergência e a Ficha de Informações de Segurança de Produtos Químicos (FISPQ) estejam disponíveis em locais visíveis e de fácil acesso, e devem acompanhar a vítima durante o transporte ao médico, garantindo atendimento imediato.

Contato com a pele

Se houver contato do cianeto com a pele, é vital tomar medidas imediatas. Lave a área afetada com água em abundância por vários minutos. Remova e descarte roupas e calçados contaminados. Se a vítima apresentar sintomas, administre o antídoto e forneça oxigênio. Busque ajuda médica imediatamente e leve consigo a FISPQ do produto.

Contato com os olhos

No caso de contato com os olhos, é crucial agir rapidamente. Se a vítima estiver usando lentes de contato, remova-as e lave os olhos imediatamente com água em abundância ou soro fisiológico por vários minutos, mantendo as pálpebras abertas em intervalos. Não tente neutralizar com outros produtos. Encaminhe a vítima ao médico com a FISPQ e continue a lavagem durante o transporte.

Inalação sem sintomas evidentes

Se alguém inalar cianeto sem apresentar sintomas evidentes, não é necessário tratamento específico. Mantenha a vítima em repouso, em local bem ventilado e em uma posição que facilite a respiração. Pelo protocolo médico, a vítima deverá ser conduzida ao serviço médico e ficar em observação.

Consciente, mas com náuseas, dificuldade de respiração e tontura

Se a vítima estiver consciente, mas apresentar náuseas, dificuldade respiratória e tontura, administre oxigênio e procure ajuda médica.

Semiconsciente, não responde, confuso, dificuldade de fala, sonolento ou inconsciente

Se a vítima estiver semiconsciente, não responder, estiver confusa, com dificuldade para falar, sonolenta ou inconsciente, administre oxigênio e nitrito de amila. Procure ajuda médica imediatamente.

Nota: use uma ampola de nitrito de amila, colocada próximo à boca e ao nariz da vítima, a cada 15 ou 30 segundos. Observe a direção do vento para otimizar a inalação, em virtude da alta volatilidade da substância. Administre as ampolas enquanto os sintomas persistirem, interrompendo caso desapareçam.

Em caso de ingestão

Se a ingestão ocorrer e a vítima estiver inconsciente, administre oxigênio e nitrito de amila a cada 15 ou 30 segundos, próximo à boca e ao nariz da vítima. Se a vítima estiver consciente, após a ingestão, forneça uma solução de carvão ativado. Não induza o vômito e não dê nada via oral a uma vítima inconsciente. Procure ajuda médica imediata, levando a FISPQ do produto. Lave a boca com água em abundância.

Inconsciência com parada respiratória e/ou cardiorrespiratória

Se ocorrer parada respiratória, administre oxigênio e nitrito de amila imediatamente, utilizando um ressuscitador de pressão positiva (ventilação artificial). Administre uma ampola na máscara continuamente. Em caso de parada cardíaca, inicie imediatamente as manobras de reanimação cardíaca, sem negligenciar as manobras respiratórias. Procure ajuda médica imediata, levando a FISPQ do produto. Mantenha a vítima aquecida.

Iniciar a reanimação cardiopulmonar (RCP) se a vítima não responder, não respirar ou apresentar respiração anormal da seguinte forma:

- » Oxigênio a 15 L/min.
- » 30 compressões torácicas (aproximadamente 18").
- » Após 5 ciclos, verifique o pulso.
- » Monitore a vítima a cada 2 minutos até a chegada de socorro médico.

A seguir estão os principais pontos de atenção durante a intoxicação por cianeto.

NOTAS PARA O MÉDICO

Atenção! As injeções endovenosas devem ser administradas apenas pela equipe médica ou pessoal qualificado.

Esse é um protocolo disponível na literatura médica e deverá ser revisado por profissional médico qualificado, estamos apresentando conteúdo disponível, porém deverá ser validado por médico habilitado. A posologia é a seguinte:

Nitrito de sódio a 30% (300 mg/mL)

» Caso a vítima não responda adequadamente ao tratamento com nitrito de amila, o que indica exposição significativa, administre, via endovenosa, lentamente, 300 mg (1 mL) em 10 a 100 mL de água destilada, soro fisiológico a 0,9% ou soro glicosado a 5%. Se necessário, aplique mais 300 mg (1 mL).
» A dose infantil deve começar com 4 mg/kg.

Nitrito de sódio a 3% (300 mg/10 mL)

» Administre, via endovenosa, lentamente, 300 mg (10 mL) em 10 a 100 mL de água destilada, soro fisiológico a 0,9% ou soro glicosado a 5%. Se necessário, aplique mais 300 mg (10 mL).
» A dose infantil deve começar com 4 mg/kg.

Tiossulfato de sódio 25% ampola com 10 mL (2,5 g/10 mL)

» Administre, via endovenosa, lentamente, 12,5 g (50 mL) em 100 mL de água destilada, soro fisiológico a 0,9% ou soro glicosado a 5%.
» A dose infantil deve começar com 300 a 500 mg/kg.

Tiossulfato de sódio 10% ampola com 10 mL (1,0 g/10 mL)

» Administre, via endovenosa, lentamente, 12,5 g (125 mL) em 200 mL de água destilada, soro fisiológico a 0,9%, ou soro glicosado a 5%.
» A dose infantil deve começar com 300 a 500 mg/kg.

Azul de metileno 1%, ampola com 10 mL (1 g/10 mL)

» Administre por via endovenosa, começando com doses de 1 a 2 mg/kg de peso, lentamente, quando a vítima apresentar cianose ou o nível de metaemoglobina atingir 30%.
» Observe os efeitos por 30 a 60 minutos e, se necessário, repita a dose.

Lembre-se de monitorar os níveis de metaemoglobina após cada injeção, com uma meta de 25% e evitando ultrapassar 30%. Em caso de recidiva ou persistência dos sintomas, as injeções de nitrito e tiossulfato devem ser repetidas sob supervisão médica.

Cianokit®

O Cianokit® é um antídoto utilizado no tratamento do envenenamento por cianeto. É uma combinação de dois medicamentos essenciais: hidroxocobalamina e tiossulfato de sódio. Esse antídoto age eficazmente no tratamento da intoxicação por cianeto, revertendo seus efeitos tóxicos.

Composição do Cianokit®

» Hidroxocobalamina: é uma forma de vitamina B12 que age como um cofator para enzimas envolvidas na conversão de cianeto em uma forma menos tóxica. A hidroxocobalamina liga-se ao cianeto para formar cianocobalamina, permitindo que o corpo o excrete com segurança.
» Tiossulfato de sódio: ajuda na remoção de cianeto do corpo, formando tiocianato não tóxico.

Utilização do Cianokit®

O Cianokit® é um medicamento crucial no tratamento do envenenamento por cianeto. Deve ser administrado sob a supervisão de um médico, preferencialmente em ambiente hospitalar. A seguir, descrevemos o protocolo de utilização do Cianokit®:

1. Preparação: é essencial preparar o Cianokit® de acordo com as instruções do fabricante antes da administração.
2. Via de administração: o Cianokit® é geralmente administrado por via intravenosa (IV). O profissional de saúde deve garantir que o acesso venoso esteja estabelecido.

3. Dose:
Hidroxocobalamina: a dose padrão é de 5 g (5.000 mg) de hidroxocobalamina, administrada lentamente por IV. Isso pode ser repetido se necessário, de acordo com a resposta do paciente.
Tiossulfato de sódio: a dose padrão é de 12,5 g (125 mL) de tiossulfato de sódio, administrada lentamente por IV após a hidroxocobalamina.
4. Monitoramento: durante a administração do Cianokit®, é importante monitorar continuamente os sinais vitais do paciente, como pressão arterial, frequência cardíaca e saturação de oxigênio. Além disso, a metaemoglobina (MetHb) deve ser monitorada para evitar níveis excessivos.
5. Avaliação clínica: o médico deve avaliar a resposta do paciente ao tratamento e a evolução dos sintomas. A repetição das doses de hidroxocobalamina e tiossulfato de sódio pode ser necessária dependendo da gravidade da intoxicação.
6. Tratamento adicional: em alguns casos, podem ser necessários tratamentos de suporte, como administração de oxigênio suplementar, suporte respiratório ou cardíaco, dependendo dos sintomas apresentados pelo paciente.
7. Notas importantes: o uso do Cianokit® é uma medida de emergência e deve ser aplicado o mais rápido possível após a confirmação do envenenamento por cianeto. É essencial que o profissional de saúde esteja ciente das interações medicamentosas e das possíveis reações adversas do Cianokit®.
8. Comunicação: o médico deve manter uma comunicação constante com o paciente, fornecer informações sobre o tratamento e explicar os procedimentos em andamento.

9. Registro e documentação: todas as informações relevantes sobre o tratamento com Cianokit®, incluindo doses, horários de administração, respostas do paciente e efeitos colaterais, devem ser registradas adequadamente no prontuário médico.

É importante ressaltar que o uso do Cianokit® é um procedimento médico complexo e deve ser realizado por profissionais de saúde treinados e experientes. O conhecimento e a capacidade de administração adequada desse antídoto são fundamentais para garantir o tratamento eficaz do envenenamento por cianeto e, assim, salvar vidas.

Nota de segurança jurídica

É fundamental destacar que os protocolos e informações fornecidos neste capítulo, incluindo o uso do antídoto Cianokit® e os procedimentos de primeiros socorros e tratamento médico para intoxicação por cianeto, são baseados em dados da literatura médica disponíveis até a data deste livro. No entanto, é imprescindível entender que a medicina e os protocolos médicos estão em constante evolução, e a prática médica deve levar em consideração as circunstâncias clínicas e individuais de cada paciente.

Aviso legal:

1. Avaliação clínica individual: os protocolos aqui mencionados servem como diretrizes gerais e não devem substituir a avaliação clínica rigorosa de um profissional de saúde treinado e licenciado. Cada paciente é único,

e a conduta médica deve ser personalizada de acordo com os sintomas, histórico médico, exames diagnósticos e outras variáveis clínicas.
2. Consulta a fontes atualizadas: os médicos e profissionais de saúde devem consultar fontes atualizadas, diretrizes clínicas e protocolos institucionais relevantes ao tomar decisões de tratamento. A prática clínica baseada em evidências é fundamental para garantir o melhor atendimento ao paciente.
3. Responsabilidade profissional: os médicos e profissionais de saúde devem cumprir os padrões éticos e legais de sua profissão ao administrar tratamentos e antídotos. A responsabilidade profissional e a conformidade com regulamentações e normas locais são essenciais para garantir a segurança do paciente.
4. Documentação adequada: é fundamental documentar todas as etapas do tratamento, incluindo doses administradas, respostas do paciente e quaisquer complicações ou efeitos colaterais. Essa documentação é vital para a prestação de contas e para fins legais.
5. Proteção jurídica: os profissionais de saúde devem estar cientes das implicações legais associadas ao tratamento de intoxicação por cianeto e devem seguir os procedimentos institucionais e regulamentações vigentes. A busca por orientação legal e de conformidade é recomendada.

Este livro tem o propósito de fornecer informações gerais sobre o tema, mas não substitui o aconselhamento profissional e as práticas médicas atualizadas. A responsabilidade pelo tratamento e pela segurança dos pacientes recai sobre os profissionais de saúde que devem exercer o devido cuidado, considerando todas as circunstâncias individuais e regulamentações pertinentes. A proteção jurídica do escritor do livro é baseada na apresentação responsável e precisa de informações disponíveis até a data de publicação desta obra.

Preparação de hospitais e antídotos para tratamento de intoxicação cianídrica

A preparação adequada dos hospitais desempenha um papel fundamental na resposta a emergências envolvendo cianeto. É crucial que os hospitais próximos a instalações que lidam com cianeto estejam preparados para atender vítimas de intoxicação cianídrica. Essa preparação envolve a disponibilidade de antídotos e a capacitação da equipe médica para o tratamento eficaz.

Os antídotos mais comuns para a intoxicação cianídrica incluem o nitrito de amila e o nitrito de sódio, que foram detalhados em capítulos anteriores deste livro. Além desses antídotos, o uso do Cianokit®, um kit de tratamento que contém hidroxocobalamina, também é uma opção importante. É essencial que os hospitais tenham esses antídotos em estoque para garantir uma resposta rápida em casos de intoxicação cianídrica.

Além disso, os hospitais devem treinar sua equipe médica para reconhecer os sintomas da intoxicação cianídrica e administrar os antídotos de maneira adequada. A capacitação médica deve incluir a compreensão das vias de exposição ao cianeto, os efeitos no organismo e os protocolos de tratamento. Ter um protocolo de tratamento padrão para a intoxicação cianídrica é essencial para garantir a eficácia do atendimento médico.

A colaboração entre as instalações que lidam com cianeto, as equipes de resposta a emergências e os hospitais é crucial para garantir que os pacientes recebam o tratamento necessário o mais rápido possível. A rápida administração de antídotos pode fazer a diferença entre a recuperação e a gravidade da intoxicação.

Portanto, a preparação de hospitais, a disponibilidade de antídotos e a capacitação da equipe médica são componentes vitais para a resposta eficaz a emergências envolvendo cianeto, contribuindo para a segurança e o bem-estar das pessoas expostas a esse risco.

A DIFICULDADE DE ENCONTRAR O ANTÍDOTO NITRITO DE AMILA NO BRASIL E A IMPORTÂNCIA DA FLEXIBILIZAÇÃO DESSE ANTÍDOTO NAS INSTALAÇÕES COM CIANETO, NO TRANSPORTE E NAS MINERADORAS QUE MANIPULAM CIANETO

No contexto brasileiro, a disponibilidade do nitrito de amila tem sido uma preocupação em relação à segurança nas instalações que lidam com cianeto, assim como em situações de transporte e nas mineradoras que utilizam o cianeto no processo de lixiviação de metais preciosos. O nitrito de amila é um antídoto crucial para o tratamento de intoxicação cianídrica, mas sua obtenção e uso enfrentam desafios que precisam ser abordados.

A dificuldade de encontrar nitrito de amila no Brasil está relacionada à sua classificação como uma substância controlada pela Agência Nacional de Vigilância Sanitária (Anvisa). Isso implica regulamentações rigorosas que restringem sua produção, importação e distribuição. Essa classificação, embora tenha como objetivo evitar o uso indevido da substância, pode criar obstáculos significativos para a resposta eficaz em casos de emergências envolvendo cianeto.

A flexibilização das regulamentações em relação ao nitrito de amila é crucial para garantir que ele esteja prontamente disponível em instalações que manipulam cianeto, no transporte de produtos contendo cianeto e nas mineradoras. Uma abordagem mais flexível permitiria a aquisição adequada do antídoto, armazenamento e treinamento para o uso em emergências.

Além disso, a conscientização sobre a importância do nitrito de amila como antídoto eficaz para a intoxicação cianídrica é fundamental. Isso inclui a capacitação de equipes de resposta a emergências, profissionais de saúde e funcionários de instalações que lidam com cianeto sobre o reconhecimento dos sintomas de intoxicação cianídrica e o procedimento correto para administrar o antídoto.

Em resumo, a dificuldade de encontrar nitrito de amila no Brasil destaca a necessidade de uma revisão das regulamentações para permitir uma resposta eficaz a emergências envolvendo cianeto. A flexibilização das restrições em relação a esse antídoto é fundamental para garantir a segurança das pessoas em situações de exposição ao cianeto, bem como para manter as operações de instalações e mineradoras que o utilizam de forma segura e responsável.

Importância de descontaminar a vítima e o risco para as equipes de atendimento

A descontaminação da vítima em casos de exposição ao cianeto desempenha um papel fundamental na proteção das equipes de atendimento a emergências. Uma vítima que permanece com roupas contaminadas representa um risco significativo de disseminação do cianeto para as equipes médicas, ambulâncias, serviços de saúde e hospitais. A contaminação cruzada pode ter sérias consequências, comprometendo a segurança das equipes de emergência e a eficácia do tratamento médico. Portanto, a descontaminação adequada da vítima, incluindo a remoção imediata das roupas contaminadas, é uma medida crucial para minimizar a propagação do cianeto e garantir um ambiente seguro para todos os envolvidos no atendimento à emergência.

CAPÍTULO 6

Combate a incêndio em instalações com cianeto

A segurança em instalações onde o cianeto é manuseado é uma prioridade absoluta. Além das preocupações com a exposição à substância tóxica em si, é essencial abordar outro risco potencial: incêndios.

Incêndios em instalações que armazenam, processam ou transportam cianeto podem ser extremamente perigosos, uma vez que a queima de cianeto pode liberar gases tóxicos, como o ácido cianídrico (HCN), representando uma ameaça adicional à saúde e segurança de trabalhadores, bombeiros e do ambiente circundante.

Este capítulo se dedica a abordar as estratégias, técnicas e protocolos essenciais para o combate a incêndios em instalações onde o cianeto está presente. Discutiremos em detalhes as medidas de prevenção e controle que podem ser implementadas para reduzir o risco de incêndio, bem como os procedimentos a serem seguidos no caso de um ocorrer. Além disso, destacaremos os desafios específicos associados ao combate a incêndios envolvendo substâncias que contêm cianeto e as precauções necessárias para garantir a segurança de todos os envolvidos.

À medida que avançamos neste capítulo, é importante lembrar que a segurança em instalações com cianeto não é uma responsabilidade exclusiva dos profissionais de combate a incêndios, mas sim de todos os funcionários e gestores dessas instalações. A prevenção e o combate a incêndios são esforços colaborativos que exigem conhecimento, treinamento e cooperação de toda a equipe para garantir que os riscos sejam minimizados e que, caso ocorra um incêndio, as ações adequadas sejam tomadas para proteger vidas, propriedades e o meio ambiente.

Ao longo deste capítulo, forneceremos orientações e informações valiosas a fim de que os profissionais envolvidos com instalações que manuseiam cianeto possam estar preparados para enfrentar situações de incêndio de forma segura e eficaz, cumprindo as regulamentações e diretrizes de segurança existentes.

Cuidados

» O cianeto de sódio não é inflamável e permanece estável até temperaturas de 1.500°C.
» Em caso de incêndio em locais com cianeto de sódio, é estritamente proibido o uso de água como agente extintor, devendo-se optar por extintores de pó químico.
» É essencial o uso de equipamentos de proteção individual (EPIs) adequados, incluindo vestimentas de proteção contra produtos químicos e dispositivos de proteção respiratória.
» A contenção de derramamentos deve ser realizada de maneira a evitar riscos adicionais.
» Medidas para evitar a formação de pó devem ser adotadas.
» A manutenção de uma ventilação adequada no local é fundamental.

» Em casos excepcionais que demandem o uso de água, é crucial garantir que os efluentes não atinjam sistemas de drenagem, cursos d'água ou o subsolo.
» Deve-se evitar o contato direto com o cianeto.
» Em situações de derramamento, o cianeto deve ser recolhido e armazenado em recipientes apropriados.

Recursos

Para lidar eficazmente com incêndios em instalações com cianeto, é necessário um planejamento cuidadoso dos recursos humanos e materiais disponíveis:

» Recursos materiais devem ser previamente determinados, levando em consideração possíveis cenários de emergência.
» Os recursos humanos devem ser treinados e preparados para responder às emergências.
» Equipamentos de combate a incêndios e EPIs devem ser mantidos em quantidade suficiente e em perfeitas condições operacionais.

Meios seguros de combate e resgate

A segurança das pessoas envolvidas nas operações de combate a incêndios é a principal preocupação. Portanto, é fundamental adotar as seguintes medidas:

» Em caso de vítimas, as operações de resgate devem ter prioridade.

- » Durante o combate ao incêndio, posicione-se de forma a utilizar a direção do vento como aliada, minimizando exposições a vapores nocivos.
- » Avalie a extensão do incidente e identifique áreas potencialmente afetadas, tomando medidas para evasão, se necessário.
- » Realize o isolamento da área afetada, impedindo o trânsito de pessoas e veículos.
- » Comunique o incidente às empresas e comunidades vizinhas, colaborando na disseminação de informações relevantes.

Emergências

Em emergências envolvendo cianeto, é crucial cumprir as orientações a seguir:

- » Evite o contato direto com o cianeto e posicione-se de modo que o vento não direcione os vapores em sua direção.
- » Caso ocorra derramamento de material sólido seco e não volátil, recolha-o com pás e armazene-o em recipientes adequados.
- » Se a previsão for de chuva, cubra o cianeto com plástico ou lona para evitar a formação de vapores tóxicos e o escoamento de água contaminada.
- » Mantenha pessoas não envolvidas na emergência afastadas da área.
- » Lembre-se de que o cianeto, em contato com a água, produz vapores de ácido cianídrico. Avalie a necessidade de evasão.

» A contenção rápida de vazamentos de soluções de cianeto é essencial, evitando que a substância alcance corpos d'água, pois mesmo pequenas concentrações de cianeto podem ser fatais para a fauna aquática.

É importante destacar que o combate a incêndios e emergências envolvendo cianeto requer treinamento específico e rigorosa adesão aos regulamentos de segurança. Este capítulo fornece diretrizes gerais, mas a segurança em instalações com cianeto deve ser abordada com a máxima seriedade, com base em avaliações de risco específicas e considerando todas as circunstâncias individuais. Consulte sempre os regulamentos locais e as diretrizes da NFPA para garantir o manejo seguro de cianeto em emergências.

Uso do agente extintor adequado em emergências com cianeto

O uso do agente extintor adequado desempenha um papel crítico no combate a incêndios em instalações que manipulam cianeto. É de extrema importância evitar o uso de água nesses casos, uma vez que a água pode desencadear reações químicas perigosas com o cianeto, levando à liberação de ácido cianídrico (HCN) altamente tóxico. Portanto, o emprego de agentes extintores à base de pó químico, especificamente projetados para combater incêndios químicos, é fundamental. Esses agentes ajudam a controlar e extinguir o fogo sem agravar a situação, minimizando os riscos de liberação de substâncias perigosas. A escolha e o conhecimento do agente extintor adequado são parte essencial do planejamento de emergência e da capacitação das equipes de combate a incêndios em instalações com cianeto, visando garantir a segurança de todos os envolvidos.

Exercícios simulados

Exercícios simulados desempenham um papel fundamental na preparação e na avaliação de planos de emergência, principalmente em instalações que lidam com substâncias químicas perigosas, como o cianeto. Eles são projetados para imitar cenários de emergência, permitindo que as equipes pratiquem suas respostas, identifiquem áreas de melhoria e estejam preparadas para lidar com situações reais. A seguir estão alguns pontos-chave sobre a importância dos exercícios simulados:

1. Teste de planos de emergência: os simulados fornecem uma oportunidade realista para testar os planos de emergência, avaliando a eficácia das estratégias e procedimentos de resposta a incidentes envolvendo cianeto. Isso ajuda a identificar lacunas e aprimorar os planos antes de uma emergência real.
2. Treinamento de equipe: os exercícios simulados permitem que as equipes de resposta a emergências, incluindo brigadistas, bombeiros, médicos e paramédicos, pratiquem suas funções e melhorem a coordenação entre diferentes agências e departamentos. Isso é essencial para uma resposta eficaz.
3. Avaliação de equipamentos: durante os simulados, é possível avaliar o desempenho de equipamentos de segurança e combate a incêndios, como máscaras de proteção respi-

ratória, trajes químicos, extintores e sistemas de supressão de incêndios. Isso ajuda a garantir que esses equipamentos estejam em boas condições de funcionamento.
4. Conscientização sobre riscos: os exercícios simulados aumentam a conscientização sobre os riscos associados ao manuseio de cianeto e outras substâncias perigosas. Isso ajuda as equipes a reconhecerem os perigos potenciais e a tomar medidas adequadas de proteção.
5. Tomada de decisão: os simulados oferecem oportunidades para que os líderes de equipes pratiquem a tomada de decisões sob pressão. Isso inclui avaliar a situação, tomar decisões rápidas e implementar ações de resposta apropriadas.
6. Avaliação pós-simulado: após um exercício simulado, é crucial conduzir uma avaliação detalhada para identificar áreas de sucesso e oportunidades de melhoria. Isso pode levar a ajustes nos planos de emergência e nas estratégias de resposta.
7. Preparação para emergências reais: os simulados ajudam a preparar equipes para emergências reais, reduzindo o tempo de resposta, aumentando a confiança e minimizando o risco de erros durante uma crise.
8. Conformidade com regulamentos: em muitos estados, a realização de exercícios simulados é um condicionante da licença de operação para instalações que lidam com substâncias químicas perigosas, como o cianeto. Cumprir esses requisitos é fundamental para estar em conformidade com a legislação ambiental.

Em resumo, os exercícios simulados desempenham um papel crítico na preparação e na resposta a emergências em instalações com risco de cianeto, garantindo que as equipes estejam bem treinadas, que os planos de emergência sejam eficazes e que as operações de combate a incêndio e de resposta a incidentes químicos sejam executadas com segurança e eficiência.

Atendimento a emergências químicas com cianeto: práticas e procedimentos essenciais

A gestão de emergências químicas envolvendo cianeto requer uma abordagem meticulosa e bem coordenada para minimizar riscos, proteger vidas humanas e o meio ambiente. O cianeto é um composto altamente tóxico que pode representar sérios perigos em situações de vazamentos, incêndios ou exposição acidental. Nesse contexto, exploraremos as práticas essenciais no atendimento a emergências com cianeto, enfocando procedimentos técnicos e estratégias fundamentais.

Identificação e avaliação de riscos

Antes de qualquer intervenção, é vital identificar a presença de cianeto e avaliar os riscos associados. A identificação de fontes de cianeto, sua concentração e a natureza do incidente (vazamento, incêndio etc.) são informações críticas para a resposta eficaz. As equipes de resposta devem contar com sistemas de detecção confiáveis para identificar rapidamente a presença de cianeto no ambiente.

A detecção desse composto químico é crucial para garantir a segurança em instalações onde ele está presente, seja em níveis fixos ou em emergências. Aqui estão alguns tipos de detectores de cianeto, tanto fixos quanto portáteis, e a importância de sua utilização pelos brigadistas:

Detectores fixos de cianeto:

1. Detectores de gás fixos: são dispositivos instalados permanentemente em áreas onde o cianeto pode estar presente. Eles monitoram continuamente os níveis de cianeto no ar e emitem alertas ou alarmes se as concentrações atingirem um limite perigoso. Esses sistemas são essenciais para a segurança em instalações de risco, como plantas químicas e laboratórios, permitindo uma resposta rápida a vazamentos ou exposições.
2. Sistemas de monitoramento de processos: em indústrias que usam cianeto em seus processos, como a mineração de ouro, sistemas de monitoramento contínuo são instalados para controlar a presença de cianeto nas etapas de produção. Isso ajuda a prevenir a liberação não controlada de cianeto no meio ambiente.

Detectores portáteis de cianeto:

1. Detectores de gás portáteis: são dispositivos de mão que permitem que os brigadistas e equipes de resposta a emergências meçam os níveis de cianeto no ar em tempo real. Eles são essenciais em emergências, como vazamentos de produtos químicos ou incêndios, onde a exposição ao cianeto pode ocorrer rapidamente. Esses dispositivos fornecem informações vitais para a tomada de decisões e a proteção das equipes.
2. Tubos colorimétricos: são dispositivos descartáveis que permitem a medição rápida e aproximada dos

níveis de cianeto no ar. Eles são úteis em emergências, fornecendo uma indicação visual da presença de cianeto. No entanto, eles não são tão precisos quanto os detectores de gás portáteis.

Importância de os brigadistas utilizarem detectores de cianeto:

» Identificação rápida de exposições: os detectores permitem que as equipes identifiquem rapidamente a presença de cianeto no ambiente. Isso é crucial, pois a exposição a esse gás pode ser fatal em concentrações elevadas.

» Tomada de decisões informadas: com base nas leituras dos detectores, as equipes de resposta a emergências podem tomar decisões informadas sobre a necessidade de evasão, uso de equipamentos de proteção e implementação de medidas de controle.

» Proteção das equipes: os brigadistas e equipes de emergência precisam proteger a si mesmos enquanto realizam operações de resgate e combate a incêndios. Os detectores de cianeto ajudam a determinar se o ambiente é seguro para a entrada.

» Avaliação da extensão do perigo: os detectores permitem que as equipes avaliem a extensão de um vazamento ou incidente envolvendo cianeto, o que é crucial para um planejamento eficaz de resposta.

» Monitoramento de áreas confinadas: em áreas confinadas, como tanques ou dutos, os detectores de gás portáteis são essenciais para garantir que as equipes estejam cientes dos riscos de cianeto antes de entrar.

Em resumo, os detectores de cianeto, tanto fixos quanto portáteis, são ferramentas vitais para garantir a segurança das instalações, das equipes de resposta a emergências e das comunidades próximas a locais com risco de exposição ao cianeto. Eles desempenham um papel essencial na prevenção de acidentes graves e na mitigação de impactos adversos.

É importante esclarecer que, quando nos referimos aos "detectores de cianeto", estamos, na verdade, falando sobre detectores de HCN (ácido cianídrico ou cianeto de hidrogênio). Isso ocorre porque a leitura é feita em relação ao ácido cianídrico, que é o gás cianídrico presente no ambiente. Esses detectores são projetados para medir a concentração de HCN no ar, fornecendo informações cruciais sobre a presença e os níveis desse composto químico tóxico. Portanto, a denominação correta é "detectores de HCN", uma vez que eles são específicos para a detecção do gás ácido cianídrico. Esses dispositivos desempenham um papel fundamental na proteção da segurança e da saúde em ambientes onde o HCN pode estar presente.

Equipamento de proteção individual (EPI)

O uso adequado de EPIs é uma das primeiras linhas de defesa na resposta a emergências com cianeto. Isso inclui trajes de proteção química, luvas resistentes a produtos químicos, óculos de segurança e proteção respiratória apropriada. A seleção adequada e a manutenção rigorosa desses equipamentos são fundamentais para proteger a equipe de resposta.

Isolamento e evasão

Em muitos casos, é crucial isolar a área afetada e realizar evasão seletiva para proteger a população circundante. Isolar a área impede a exposição desnecessária ao cianeto, enquanto a evasão é necessária quando a exposição potencial ou os riscos são significativos. A direção do vento deve ser levada em consideração ao estabelecer zonas de isolamento e rotas de evasão. Os pré-planos de emergência devem ser elaborados prevendo esses cenários de risco.

Combate a incêndios com cianeto

O combate a incêndios envolvendo cianeto requer uma abordagem específica. O cianeto de hidrogênio (HCN) é altamente inflamável, e apagar o fogo com água pode piorar a situação, liberando vapores de HCN tóxicos. Portanto, o uso de extintores de pó químico seco é a abordagem preferencial. Manter uma distância segura e usar equipamento de proteção respiratória é essencial para a segurança dos bombeiros ou brigadistas.

Assistência médica e tratamento de vítimas

O tratamento rápido de vítimas de exposição ao cianeto é crucial. Os sintomas de envenenamento por cianeto podem variar de leves a graves, incluindo dificuldade respiratória, confusão, convulsões e parada cardíaca. A administração imediata de antídotos, como o nitrito de amila, é essencial. A oxigenoterapia também é frequentemente necessária. Os profissionais de saúde devem estar cientes dos protocolos específicos de tratamento para o envenenamento por cianeto.

A oxigenoterapia desempenha um papel fundamental no tratamento da intoxicação por cianeto, uma vez que o cianeto age interferindo na capacidade do corpo de utilizar o oxigênio. O cianeto liga-se à hemoglobina no sangue, impedindo que ela transporte oxigênio para os tecidos. Isso resulta em uma diminuição significativa na quantidade de oxigênio disponível para as células, levando a sintomas graves, como dificuldade respiratória, confusão, convulsões e, em casos extremos, parada cardíaca e respiratória.

A administração de oxigênio puro é crucial no tratamento da intoxicação por cianeto. O oxigênio suplementar ajuda a superar a ligação do cianeto à hemoglobina, permitindo que o oxigênio seja transportado e entregue às células. A oxigenoterapia também ajuda a acelerar a eliminação do cianeto do corpo.

Em casos mais graves de intoxicação por cianeto, a administração de oxigênio pode ser combinada com outros tratamentos, como a administração de nitrito de amila ou nitrito de sódio e tiossulfato de sódio, que têm a capacidade de se ligar ao cianeto e convertê-lo em uma forma menos tóxica para o corpo.

A rapidez com que a oxigenoterapia é iniciada é crucial para o sucesso do tratamento. Portanto, em situações de suspeita de intoxicação por cianeto, a administração imediata de oxigênio é fundamental. Além disso, a terapia de suporte deve ser mantida até que os níveis de cianeto no corpo diminuam a níveis não prejudiciais.

É importante ressaltar que o tratamento da intoxicação por cianeto deve ser realizado por profissionais de saúde qualificados, de preferência em um ambiente hospitalar, onde podem ser administrados os antídotos necessários e monitorados os sinais vitais do paciente. A oxigenoterapia é uma parte essencial desse tratamento, ajudando a reverter a hipóxia causada pelo cianeto e a evitar complicações graves.

Gerenciamento de resíduos e descontaminação

Após a resposta inicial e o tratamento de vítimas, é fundamental gerenciar de forma adequada os resíduos contaminados com cianeto. Esses materiais devem ser coletados, armazenados e descartados de acordo com regulamentações rigorosas. A descontaminação de áreas afetadas também é essencial para evitar a persistência de cianeto no ambiente.

Treinamento e exercícios de simulação

A preparação para emergências com cianeto exige treinamento contínuo e exercícios de simulação. As equipes de resposta devem estar familiarizadas com os procedimentos, equipamentos e antídotos. A prática regular em cenários simulados ajuda a manter a prontidão e a eficácia da equipe.

Conclusão do capítulo

O atendimento a emergências químicas com cianeto é uma tarefa complexa que requer conhecimento técnico, preparação sólida e coordenação eficaz. Ao seguir as práticas essenciais descritas aqui e adotar uma abordagem proativa para a gestão de riscos, podemos enfrentar com confiança esses desafios e garantir a segurança da comunidade e do meio ambiente. A proteção de vidas e recursos naturais depende de uma resposta eficaz a emergências com cianeto, e o compromisso com a segurança deve ser contínuo e inabalável.

CAPÍTULO 7

Proteção ambiental no manuseio do cianeto: preservando nossos ecossistemas

A gestão responsável de substâncias químicas perigosas é essencial não apenas para a proteção da saúde humana, mas também para a preservação do meio ambiente. Quando se trata do manuseio do cianeto, um composto químico conhecido por sua toxicidade, a proteção ambiental assume um papel de destaque. Este capítulo é dedicado à exploração das práticas, diretrizes e procedimentos que visam minimizar o impacto ambiental do cianeto durante seu uso em diferentes indústrias.

Embora o cianeto seja amplamente utilizado em atividades como mineração, metalurgia e galvanoplastia, é crucial que suas operações sejam realizadas de maneira segura e sustentável, a fim de evitar a contaminação de ecossistemas aquáticos e terrestres. Neste capítulo, examinaremos as melhores práticas para a gestão de cianeto, desde o armazenamento até a eliminação adequada de resíduos, com o objetivo de preservar nossos preciosos recursos naturais e reduzir os impactos negativos sobre a biodiversidade.

Além disso, discutiremos a importância do cumprimento de regulamentações ambientais rigorosas, da educação e do treinamento de pessoal, bem como da incorporação de tecnologias e abordagens mais seguras no manuseio do cianeto. Ao seguir esses princípios, podemos não apenas garantir a proteção do meio ambiente, mas também promover práticas de produção mais sustentáveis que beneficiem tanto as gerações atuais quanto as futuras.

IMPACTOS AMBIENTAIS DO CIANETO

O uso do cianeto em processos industriais, como mineração e metalurgia, pode ter impactos significativos no meio ambiente. É crucial entender esses impactos para implementar medidas adequadas de proteção ambiental. Neste tópico, exploraremos os principais impactos ambientais associados ao cianeto e como eles podem ser mitigados.

1. Contaminação de corpos d'água: uma das preocupações mais graves relacionadas ao cianeto é a contaminação de corpos d'água próximos às instalações industriais. O cianeto pode se transformar em ácido cianídrico (HCN) quando entra em contato com a água, o que é altamente tóxico para a vida aquática. Peixes e outras espécies podem ser afetados, causando desequilíbrio nos ecossistemas aquáticos.

» Mitigação: para prevenir a contaminação, as instalações devem implementar sistemas de contenção e tratamento de água eficazes. Isso pode incluir a construção de barragens de contenção e a aplicação de tecnologias de degradação de cianeto antes da liberação na natureza.

2. Poluição do solo: o vazamento de soluções contendo cianeto pode causar a contaminação do solo. Isso não apenas prejudica a vegetação local, mas também pode afetar animais terrestres que dependem desse ambiente.

» Mitigação: práticas rigorosas de gerenciamento de resíduos devem ser implementadas para evitar vazamentos de cianeto. Isso inclui o uso de revestimentos de contenção de impermeabilização e o monitoramento regular do solo para detecção precoce de contaminação.

3. Emissões atmosféricas: durante o processamento do cianeto, é possível que ocorram emissões atmosféricas, liberando compostos voláteis de cianeto que podem afetar a qualidade do ar. Isso representa um risco tanto para os trabalhadores quanto para as comunidades próximas.

» Mitigação: a instalação de sistemas de controle de emissões, como lavadores de gases, pode reduzir significativamente as emissões de cianeto no ar. O uso de EPIs pelos trabalhadores também é fundamental para evitar a exposição a vapores perigosos.

4. Bioacumulação: o cianeto pode entrar na cadeia alimentar, afetando animais que consomem organismos contaminados. Isso pode levar à bioacumulação de cianeto em níveis tróficos superiores, representando um risco para a fauna selvagem e, potencialmente, para a saúde humana, se consumirmos animais contaminados.

» Mitigação: o monitoramento regular da fauna selvagem e a implementação de medidas para limitar o acesso à fonte de contaminação são essenciais para mitigar o risco de bioacumulação.

Entender os impactos ambientais do cianeto é o primeiro passo para sua gestão responsável. As indústrias que utilizam cianeto devem adotar medidas rigorosas para minimizar esses impactos e garantir a proteção do meio ambiente e da biodiversidade. A implementação de tecnologias avançadas e o cumprimento de regulamentações ambientais são fundamentais para alcançar esse objetivo.

Efluentes contaminados por cianeto e seu tratamento

A gestão adequada dos efluentes contaminados por cianeto é de suma importância para mitigar os impactos ambientais adversos. Este tópico aborda o tratamento desses efluentes e discute as normas e regulamentos relacionados ao lançamento controlado dessas águas tratadas, tanto em âmbito internacional quanto nacional.

Tratamento de efluentes contaminados por cianeto

A administração responsável dos efluentes contaminados por cianeto envolve as seguintes etapas-chave:

» Neutralização: os efluentes são submetidos a um ajuste de pH alcalino, geralmente com hidróxido de sódio (NaOH) ou outra substância alcalina. Isso tem como objetivo converter o cianeto livre em íon cianeto (CN-), substância menos tóxica.

- » Oxidação: o cianeto remanescente é oxidado para formar íons cianato (CNO-) ou, eventualmente, dióxido de carbono (CO_2) e nitrogênio (N2). Isso pode ser alcançado por meio do uso de produtos químicos oxidantes, como cloro ou peróxido de hidrogênio.
- » Precipitação: o íon cianato pode ser removido por meio de precipitação com metais, como ferro ou cálcio.
- » Filtração e separação: após a precipitação, os sólidos resultantes são separados da solução.
- » Tratamento biológico: em algumas circunstâncias, sistemas de tratamento biológico podem ser empregados para a remoção de compostos de cianeto.

Normas e regulamentos internacionais e nacionais

- » Legislação Internacional: Convenção de Basileia sobre o Controle de Movimentos Transfronteiriços de Resíduos Perigosos e seu Depósito. Esta convenção tem como objetivo minimizar a produção de resíduos perigosos e garantir o seu manuseio, transporte e disposição adequados. O resíduo com cianeto é considerado um resíduo perigoso e é regulamentado por esta convenção.
- » Diretrizes da ONU sobre Cianeto: a Organização das Nações Unidas (ONU) desenvolveu diretrizes para o gerenciamento seguro do cianeto, visando à proteção da saúde humana e do meio ambiente. Essas diretrizes são usadas como referência por muitos países para desenvolver suas próprias regulamentações.

» Resoluções Conama no Brasil: no Brasil, o Conselho Nacional do Meio Ambiente (Conama) estabeleceu resoluções relacionadas ao controle de efluentes. A Resolução Conama n.357/2005 define padrões de qualidade da água e critérios para o lançamento de efluentes. Para o cianeto, o limite permitido é de 0,2 mg/L em ambientes de água doce classe 2, que são destinados à preservação do equilíbrio natural dos ecossistemas aquáticos.

Referências globais para o lançamento de efluentes tratados

O lançamento de efluentes tratados contendo cianeto é altamente regulamentado em todo o mundo, com normas rigorosas que variam conforme as características locais. Em muitos países, as instalações são obrigadas a relatar regularmente suas descargas e aderir a regulamentos específicos para o lançamento controlado.

É imperativo que empresas envolvidas com cianeto estejam cientes e em conformidade com todas as regulamentações ambientais pertinentes. Isso não apenas preserva o meio ambiente, mas também evita possíveis sanções legais e protege a reputação da empresa. Investir em tecnologias de tratamento eficazes pode ser tanto uma escolha responsável quanto economicamente viável, reduzindo, assim, os impactos ambientais das operações industriais relacionadas ao cianeto.

Emissões atmosféricas relacionadas ao cianeto

A gestão responsável do cianeto não se limita apenas ao tratamento de efluentes contaminados, também é fundamental controlar as emissões atmosféricas para evitar a liberação de compostos de cianeto na atmosfera. Este tópico aborda as emissões atmosféricas associadas ao cianeto e as práticas para controlá-las.

Fontes de emissões atmosféricas de cianeto

As principais fontes de emissões atmosféricas de cianeto incluem:

1. Processos industriais: indústrias que utilizam cianeto em seus processos, como a mineração, podem liberar vapores de ácido cianídrico (HCN) na atmosfera.
2. Descarte de resíduos: a queima inadequada de resíduos que contenham cianeto pode liberar cianeto gasoso.
3. Transporte e armazenamento: vazamentos ou acidentes durante o transporte ou armazenamento de cianeto podem resultar na liberação de ácido cianídrico no ar.

Impactos ambientais das emissões de cianeto

As emissões atmosféricas de cianeto podem ter sérios impactos ambientais, incluindo:

» Toxicidade para a vida selvagem: a exposição a altas concentrações de HCN pode ser fatal para animais selvagens.

» Poluição do ar: o cianeto atmosférico pode contribuir para a poluição do ar, afetando sua qualidade e a saúde humana em áreas próximas.
» Deposição em ecossistemas aquáticos: parte do cianeto liberado na atmosfera pode ser depositada em ecossistemas aquáticos, afetando negativamente a fauna e a flora aquáticas.

Práticas para o controle de emissões de cianeto

Para mitigar os impactos ambientais adversos das emissões de cianeto, várias práticas e tecnologias estão disponíveis:

1. Sistemas de contenção de emissões: as instalações que utilizam cianeto devem implementar sistemas de contenção de emissões, como captação e tratamento de gases residuais, para evitar a liberação de HCN na atmosfera.
2. Monitoramento regular: é essencial realizar monitoramento regular das emissões atmosféricas de cianeto para identificar e corrigir qualquer vazamento ou falha nos sistemas de controle.
3. Treinamento e conscientização: funcionários e trabalhadores devem ser devidamente treinados e conscientizados sobre os riscos das emissões de cianeto e as práticas seguras de manuseio.
4. Tecnologias de controle avançadas: a utilização de tecnologias avançadas, como sistemas de absorção de gás, pode ajudar a reduzir significativamente as emissões de cianeto.

5. Legislação e conformidade: empresas devem cumprir todas as regulamentações ambientais aplicáveis e relatar regularmente suas emissões para as autoridades ambientais.

Controlar as emissões atmosféricas de cianeto é essencial para preservar o meio ambiente e proteger a saúde pública. As práticas adequadas de controle de emissões não apenas reduzem os impactos negativos, mas também demonstram um compromisso com a responsabilidade ambiental e a sustentabilidade das operações industriais relacionadas ao cianeto.

ÁGUAS SUBTERRÂNEAS: PROTEGENDO RECURSOS VITAIS

As águas subterrâneas desempenham um papel crítico na sustentabilidade ambiental e no fornecimento de água potável em muitas regiões do mundo. Sua proteção e manejo adequados são essenciais para evitar a contaminação por substâncias perigosas, como o cianeto, e garantir que esses recursos valiosos permaneçam disponíveis para as gerações futuras.

Águas subterrâneas são encontradas em aquíferos, camadas de rocha ou solo que podem armazenar e transmitir água. A qualidade dessas águas é vital, já que muitas comunidades dependem delas para abastecimento de água potável e irrigação de culturas agrícolas. A contaminação por cianeto representa uma ameaça significativa para essas fontes de água, uma vez que o cianeto é altamente tóxico e persistente no ambiente.

A contaminação das águas subterrâneas por cianeto pode ocorrer a partir de várias fontes, incluindo operações industriais, mineração e descarte inadequado de resíduos. Essa contaminação pode ter sérias consequências para a saúde humana e o meio ambiente. Portanto, é fundamental adotar medidas rigorosas para prevenir a liberação de cianeto no solo e nas águas subterrâneas.

Importância de um Programa de Águas Subterrâneas nas operações com cianeto

A implantação de um Programa de Águas Subterrâneas em instalações que manipulam cianeto é de extrema importância para garantir não apenas a segurança da operação, mas também a proteção do meio ambiente e da saúde pública. Esse programa consiste em um conjunto de medidas preventivas, de monitoramento e de resposta a incidentes que visam controlar e minimizar os riscos de contaminação das águas subterrâneas por cianeto.

Existem diversas razões pelas quais a implantação desse programa é crucial:

1. Prevenção de contaminações: a principal função de um Programa de Águas Subterrâneas é prevenir a contaminação das águas subterrâneas por cianeto, evitando, assim, possíveis impactos ambientais negativos e riscos para a saúde humana.
2. Conformidade com a legislação: em muitos países, a legislação ambiental exige que as empresas que manipulam produtos químicos perigosos, como o cianeto, implementem programas de controle e monitoramento das águas subterrâneas para cumprir as regulamentações vigentes.

3. Monitoramento regular: um programa eficaz de águas subterrâneas envolve o monitoramento regular dos níveis de cianeto e outros parâmetros nas águas subterrâneas. Isso permite detectar precocemente qualquer aumento na concentração de cianeto, possibilitando ação imediata.
4. Resposta a incidentes: o programa deve estabelecer protocolos claros de resposta a incidentes em caso de contaminação das águas subterrâneas. Isso inclui a implementação de medidas corretivas, como tratamento da água contaminada e remediação do local afetado.
5. Proteção da comunidade: além de proteger o ambiente, a gestão adequada das águas subterrâneas também visa proteger a saúde das comunidades circunvizinhas às instalações que manipulam cianeto, garantindo que não haja exposição a riscos desnecessários.
6. Sustentabilidade: empresas que demonstram responsabilidade ambiental e adotam práticas de gestão sustentável têm uma imagem mais positiva perante investidores, reguladores e a sociedade em geral.

Em resumo, a implantação de um Programa de Águas Subterrâneas é uma medida essencial para garantir a segurança das operações que envolvem o cianeto e para evitar impactos adversos no meio ambiente e na saúde pública. Esses programas devem ser desenvolvidos de acordo com as melhores práticas da indústria e em conformidade com as regulamentações locais e internacionais, visando à proteção contínua das águas subterrâneas.

Monitoramento e controle de contaminação

O monitoramento constante das águas subterrâneas é uma prática crucial para identificar qualquer contaminação por cianeto em estágios iniciais. Isso pode ser feito por meio de poços de monitoramento estrategicamente localizados que permitem a coleta de amostras de água subterrânea para análise. É importante observar os parâmetros de qualidade da água, incluindo a concentração de cianeto, para detectar qualquer aumento significativo que possa indicar contaminação.

Além do monitoramento, medidas de controle eficazes são essenciais para prevenir a contaminação por cianeto. Isso inclui a implementação de sistemas de contenção e prevenção de vazamentos em instalações que manipulam cianeto. O treinamento adequado de funcionários é fundamental para garantir que os procedimentos de manuseio e armazenamento sejam seguidos com rigor.

Tratamento de águas subterrâneas contaminadas

No caso de contaminação das águas subterrâneas por cianeto, é vital tomar medidas imediatas para conter e remediar a situação. O tratamento de águas subterrâneas contaminadas pode ser uma tarefa complexa, mas é fundamental para evitar a disseminação da contaminação e proteger a saúde pública. Além disso, é de suma importância a implantação de poços piezométricos e outras medidas de monitoramento para acompanhar a qualidade das águas subterrâneas de forma contínua. Esse monitoramento regular permite a detecção precoce de qualquer aumento nos níveis de cianeto, garantindo uma resposta rápida e eficaz.

Existem várias técnicas de tratamento que podem ser aplicadas, dependendo das características da contaminação e dos parâmetros do poço piezométrico. A remoção de cianeto geralmente envolve processos químicos, como a oxidação ou a degradação do cianeto em substâncias menos tóxicas. É importante que esses tratamentos sejam conduzidos por profissionais qualificados e em conformidade com as regulamentações ambientais.

Além disso, a frequência das campanhas de monitoramento das águas subterrâneas deve ser estabelecida de acordo com o risco potencial de contaminação e a legislação vigente. A realização de análises periódicas é essencial para avaliar a eficácia das medidas de remediação adotadas e garantir que os níveis de cianeto estejam dentro dos limites permitidos. Dessa forma, a proteção das águas subterrâneas torna-se parte essencial da gestão segura do cianeto e da preservação do meio ambiente.

Legislação e regulamentações

A proteção das águas subterrâneas contra a contaminação por cianeto é uma preocupação global. No Brasil, as regulamentações ambientais, especialmente as normas do Conama, estabelecem critérios e padrões para a proteção das águas subterrâneas. Essas regulamentações abordam não apenas a qualidade da água, mas também medidas de prevenção e controle da contaminação.

A proteção das águas subterrâneas é uma responsabilidade compartilhada por todos, desde reguladores e operadores de instalações até a comunidade em geral. Com o compromisso contínuo de monitoramento, controle e tratamento adequado, podemos preservar esses recursos naturais valiosos e garantir que eles permaneçam seguros para as gerações futuras.

Resíduos sólidos: manejo e descarte seguro de cianeto

O manejo e descarte adequado de resíduos sólidos contendo cianeto são aspectos críticos na gestão ambiental de operações que lidam com esse composto. O cianeto, quando descartado de maneira inadequada, pode representar sérios riscos à saúde humana e ao meio ambiente. Neste tópico, abordaremos os cuidados necessários, os aspectos legais e as formas responsáveis de descarte de resíduos contendo cianeto, além de discutir a importância da logística reversa e as alternativas para o descarte responsável.

Cuidados no manuseio de resíduos com cianeto

1. *Identificação e separação:* é essencial identificar e separar os resíduos que contenham cianeto, garantindo que eles não se misturem com outros tipos de resíduos. Isso evita a contaminação cruzada e simplifica o tratamento posterior.
2. *Acondicionamento seguro:* os resíduos com cianeto devem ser armazenados em recipientes adequados, herméticos e resistentes à corrosão, de modo a evitar vazamentos e contaminação ambiental.
3. *Rotulagem adequada:* todos os recipientes que contenham resíduos de cianeto devem ser devidamente rotulados, indicando claramente a presença de substâncias perigosas.

Aspectos legais

No Brasil, a gestão de resíduos é regulamentada por leis federais, estaduais e municipais. A Lei Federal n. 12.305/2010, que institui a Política Nacional de Resíduos Sólidos (PNRS), estabelece diretrizes para o manejo e descarte de resíduos perigosos, incluindo aqueles que contenham cianeto. As penalidades para o descarte inadequado desses resíduos podem ser severas, incluindo multas e sanções legais.

Logística reversa

A logística reversa é um conceito fundamental quando se trata do descarte de resíduos perigosos como o cianeto. Ela envolve a responsabilidade compartilhada entre fabricantes, distribuidores e consumidores na gestão de resíduos. No contexto do cianeto, isso significa que as empresas que o utilizam devem se comprometer com a devolução e tratamento adequado dos resíduos gerados em seus processos.

Dificuldades na mineração

A indústria de mineração muitas vezes enfrenta desafios adicionais no descarte de resíduos com cianeto, em razão da complexidade e do volume dos resíduos gerados. A recuperação de cianeto a partir desses resíduos é uma prática recomendada, mas não é sempre viável. Portanto, as mineradoras devem explorar alternativas responsáveis de descarte.

Alternativas para o descarte responsável

1. *Recuperação de cianeto:* quando possível, a recuperação de cianeto dos resíduos é a opção mais responsável. Isso pode ser feito por meio de processos químicos adequados, transformando o cianeto em um estado seguro para descarte ou reutilização.
2. *Tratamento de efluentes:* os efluentes líquidos gerados no processo de recuperação do cianeto devem ser tratados para garantir que não haja liberação de cianeto em cursos d'água ou no solo.
3. *Minimização de resíduos:* práticas de gestão e processos de produção mais eficientes podem ajudar a minimizar a geração de resíduos com cianeto desde o início.

É fundamental que as empresas que lidam com cianeto adotem uma abordagem responsável e sustentável para o gerenciamento de resíduos, em conformidade com as leis e regulamentações aplicáveis, contribuindo para a preservação do meio ambiente e a proteção da saúde pública. Além disso, a cooperação entre o setor privado, os órgãos reguladores e a sociedade civil é fundamental para promover práticas seguras de descarte de resíduos com cianeto e minimizar impactos ambientais.

RECUPERAÇÃO DE CIANETO: UMA ABORDAGEM SUSTENTÁVEL NA GESTÃO DE RESÍDUOS

A recuperação de cianeto de resíduos pode ser uma alternativa viável e sustentável para reduzir o desperdício e minimizar o impacto ambiental. No entanto, é importante destacar que a viabilidade da recuperação de cianeto depende das características dos resíduos, dos processos industriais envolvidos e dos recursos disponíveis. A seguir, são apresentadas algumas etapas que podem ser consideradas na implementação da recuperação de cianeto:

1. Identificação de resíduos adequados: o primeiro passo é identificar os resíduos que contêm cianeto e que são adequados para a recuperação. Isso envolve a realização de análises químicas para determinar a concentração de cianeto nos resíduos.
2. Separação de resíduos: os resíduos que contêm cianeto devem ser separados de outros materiais não contaminados. Isso pode exigir a implementação de um sistema de coleta e segregação adequado.
3. Tratamento químico: após a separação, os resíduos com cianeto podem ser submetidos a tratamentos químicos específicos para liberar o cianeto das substâncias sólidas. Um exemplo comum é o tratamento com soluções alcalinas, que convertem o cianeto em íon cianeto (CN^-), tornando-o solúvel em água.
4. Precipitação do cianeto: após o tratamento químico, é possível precipitar o cianeto na forma de um composto estável, como cianeto de cobre ou cianeto de ferro. Esses compostos são menos tóxicos e mais fáceis de gerenciar.
5. Filtração e separação: o cianeto precipitado pode ser separado da solução e dos outros produtos químicos utilizados no processo por meio de filtração e processos de separação.

6. Reciclagem ou descarte controlado: dependendo da concentração e da qualidade do cianeto recuperado, ele pode ser reciclado e reutilizado em processos industriais que requerem cianeto, como a extração de ouro. Caso a qualidade não atenda aos padrões necessários, o cianeto recuperado deve ser descartado de forma controlada e segura, seguindo regulamentações ambientais rigorosas.
7. Monitoramento e controle: durante todo o processo de recuperação, é essencial realizar monitoramento constante para garantir a eficácia do tratamento e a conformidade com regulamentações ambientais.

Benefícios da recuperação de cianeto:

» Redução de resíduos: a recuperação de cianeto ajuda a reduzir a quantidade de resíduos tóxicos gerados pela indústria, contribuindo para a sustentabilidade ambiental.
» Economia de recursos: a recuperação de cianeto pode resultar na economia de recursos valiosos, já que o cianeto é frequentemente utilizado em processos industriais caros.
» Conformidade legal: a recuperação de cianeto ajuda as empresas a cumprirem regulamentações ambientais mais rigorosas, reduzindo a liberação de cianeto no meio ambiente.
» Melhoria da imagem corporativa: a adoção de práticas sustentáveis, como a recuperação de cianeto, pode melhorar a imagem e a reputação das empresas.

Embora a recuperação de cianeto ofereça benefícios significativos, é importante que as empresas avaliem cuidadosamente a viabilidade técnica e econômica desse processo em seus contextos específicos. Em alguns casos, a recuperação de cianeto pode ser uma estratégia valiosa na gestão responsável de resíduos, contribuindo para a proteção do meio ambiente e da saúde pública.

Incineração de resíduos com cianeto: uma alternativa segura

Além das alternativas mencionadas anteriormente para o descarte responsável de resíduos com cianeto, a incineração é uma prática que merece destaque. A incineração é um método de tratamento de resíduos perigosos que envolve a queima controlada dos materiais a altas temperaturas. Quando se trata de resíduos que contêm cianeto, a incineração pode ser uma das opções mais seguras e eficazes para eliminar o risco de contaminação.

Princípios da incineração de resíduos com cianeto:

1. *Destruição do cianeto:* a incineração de resíduos com cianeto envolve a exposição dos materiais a altas temperaturas, geralmente acima de 1.000°C. Sob essas condições, o cianeto é completamente destruído, convertendo-se em gases inofensivos como dióxido de carbono e nitrogênio.
2. *Redução de volume:* a incineração também reduz significativamente o volume dos resíduos, transformando-os em cinzas. Isso pode simplificar o armazenamento e o descarte final.

3. *Eliminação de outras substâncias perigosas:* além do cianeto, muitos resíduos da indústria podem conter outras substâncias tóxicas. A incineração também contribui para a destruição segura dessas substâncias, impedindo sua liberação no meio ambiente.

Vantagens da incineração:

» Segurança ambiental: a incineração é uma opção que elimina o risco de contaminação do solo e da água, contribuindo para a proteção ambiental.
» Eficiência na destruição do cianeto: as altas temperaturas atingidas durante a incineração garantem que o cianeto seja completamente quebrado, não deixando resíduos perigosos.
» Redução de volume: a redução de volume dos resíduos pode economizar espaço em aterros especiais e facilitar o gerenciamento.
» Conformidade legal: a incineração de resíduos com cianeto deve ser realizada em conformidade com as regulamentações ambientais locais e nacionais.

Desafios da incineração:

» Custos: a incineração pode ser dispendiosa, especialmente quando se trata de resíduos em grande quantidade.
» Emissões atmosféricas: a incineração gera emissões gasosas, que devem ser controladas para garantir que não haja impactos negativos na qualidade do ar.
» Seleção cuidadosa de instalações: é fundamental escolher instalações de incineração licenciadas e certificadas para garantir um tratamento seguro e eficaz.

A incineração de resíduos com cianeto deve ser considerada como parte de uma estratégia global de gestão de resíduos, especialmente quando outras opções não são viáveis. No entanto, a escolha de qualquer método de tratamento de resíduos deve ser cuidadosamente avaliada em conformidade com as regulamentações ambientais e as necessidades específicas da indústria. A incineração pode ser uma ferramenta valiosa na mitigação dos riscos associados ao cianeto, protegendo a saúde humana e o meio ambiente.

Educação ambiental na lida com o cianeto: conscientização para a sustentabilidade

A educação ambiental desempenha um papel fundamental na gestão responsável do cianeto, ajudando a criar uma cultura de conscientização e sustentabilidade nas organizações que lidam com essa substância química. Promover a educação ambiental significa fornecer conhecimento, treinamento e ferramentas para que todos os envolvidos nas operações compreendam os riscos associados ao cianeto e adotem práticas seguras e sustentáveis.

1. Conscientização dos funcionários: um aspecto crucial da educação ambiental é garantir que todos os funcionários, desde operadores de instalações até equipes de segurança e gerentes, estejam plenamente cientes dos riscos e das medidas preventivas relacionados ao cianeto. Isso inclui a compreensão dos procedimentos operacionais padrão, a identificação precoce de potenciais problemas e a capacidade de tomar medidas corretivas quando necessário.

2. Treinamento adequado: investir em treinamento contínuo é essencial. Os funcionários devem ser treinados regularmente sobre as práticas seguras de manuseio de cianeto, a importância do monitoramento ambiental e a resposta a emergências. Isso não apenas reduz os riscos de incidentes, mas também capacita as equipes a agirem de maneira eficaz em situações críticas.
3. Compreensão da legislação ambiental: conhecer e cumprir as regulamentações ambientais relacionadas ao cianeto é parte integrante da educação ambiental. As empresas devem estar atualizadas com as leis locais, nacionais e internacionais que regem o manuseio, transporte e descarte de cianeto. Isso inclui estar ciente das resoluções do Conama no Brasil e de outras regulamentações globais relevantes.
4. Comunicação e envolvimento da comunidade: promover a transparência e a comunicação aberta com as comunidades vizinhas é uma parte importante da educação ambiental. As empresas que utilizam cianeto devem compartilhar informações sobre suas operações, riscos e medidas de segurança com as comunidades afetadas. Isso ajuda a construir confiança e a manter um diálogo constante.
5. Desenvolvimento de uma cultura de sustentabilidade: a educação ambiental também visa desenvolver uma cultura de sustentabilidade dentro da organização. Isso implica a promoção de práticas empresariais responsáveis, como a redução do desperdício, a otimização de processos e a busca por alternativas mais seguras ao cianeto sempre que possível.
6. Acesso a informações e recursos: fornecer acesso a informações atualizadas e recursos relacionados ao cianeto é essencial para apoiar a educação ambiental.

Isso inclui manuais, guias, literatura técnica e acesso a especialistas em segurança ambiental.

Investir na educação ambiental não apenas ajuda a prevenir acidentes e minimizar impactos negativos, mas também fortalece a responsabilidade social e promove uma cultura empresarial mais sustentável. É fundamental que as empresas que trabalham com cianeto incorporem a educação ambiental como parte integral de suas operações, promovendo a segurança, a conscientização e a proteção do meio ambiente.

Promovendo a gestão ambiental responsável do cianeto

A gestão ambiental no manuseio do cianeto é uma parte crucial das operações industriais que envolvem essa substância química. O cianeto, apesar de suas aplicações valiosas, apresenta riscos significativos para o meio ambiente e a saúde humana quando não é gerenciado adequadamente. Neste capítulo, exploramos os principais aspectos da gestão ambiental do cianeto, destacando a importância da prevenção, monitoramento e mitigação de impactos negativos.

Um dos principais pilares da gestão ambiental é a prevenção. Isso inclui a adoção de tecnologias e práticas de produção mais limpas que reduzam a geração de resíduos contendo cianeto. Além disso, a seleção cuidadosa de agentes alcalinos, como o hidróxido de sódio, para controlar o pH das soluções de cianeto é fundamental para evitar a liberação de ácido cianídrico volátil e tóxico.

O monitoramento constante das emissões atmosféricas, das águas subterrâneas e dos efluentes líquidos é essencial para avaliar o impacto ambiental do cianeto e para garantir a conformidade com regulamentações ambientais rigorosas. A implementação de sistemas de detecção de cianeto, tanto fixos quanto portáteis, auxilia na identificação precoce de vazamentos e liberações não intencionais.

A gestão de resíduos sólidos que contêm cianeto requer cuidados especiais, e a logística reversa pode ser uma estratégia eficaz para lidar com esses materiais perigosos. Além disso, exploramos a viabilidade da recuperação de cianeto de resíduos, transformando-o em compostos menos tóxicos ou mesmo reutilizando-o em processos industriais.

A preparação de hospitais e equipes de atendimento médico para o tratamento de intoxicações por cianeto é fundamental para proteger a saúde humana em caso de emergência. A administração adequada de antídotos, como o nitrito de amila ou o Cianokit®, pode fazer a diferença na sobrevivência das vítimas.

No âmbito regulatório, é essencial que as empresas estejam cientes das resoluções ambientais e de segurança relacionadas ao cianeto, bem como das normas específicas para o transporte e armazenamento dessa substância. A cooperação com autoridades ambientais e a promoção de práticas sustentáveis fortalecem a responsabilidade corporativa e contribuem para a proteção do meio ambiente.

Em última análise, a gestão ambiental responsável do cianeto é um compromisso com a segurança, a sustentabilidade e a responsabilidade social. As empresas que lidam com o cianeto têm a responsabilidade de adotar práticas que minimizem os riscos ambientais e protejam o ecossistema global. A gestão adequada do cianeto não apenas atende aos requisitos legais, mas também demonstra o comprometimento das organizações com a proteção do nosso planeta e das futuras gerações.

CAPÍTULO 8

Segurança no transporte de cianeto: garantindo a integridade do produto e do meio ambiente

O transporte de cianeto é uma etapa crítica em toda a cadeia de suprimentos dessa substância química. Para garantir a segurança tanto das pessoas envolvidas quanto do meio ambiente, é essencial seguir rigorosamente as regulamentações e as boas práticas relacionadas a essa atividade. Este capítulo abordará os aspectos legais, as medidas de segurança e os cuidados necessários para o transporte de cianeto, além de explorar os principais modais de transporte utilizados.

O cianeto é uma substância altamente tóxica e, portanto, seu transporte requer precauções especiais. Qualquer incidente durante o transporte pode ter sérias consequências para a saúde humana e para o meio ambiente, exigindo, assim, um nível máximo de segurança. Ao longo deste capítulo, discutiremos as responsabilidades das empresas envolvidas no transporte, os requisitos regulatórios, os procedimentos de emergência e as tecnologias disponíveis para mitigar riscos.

O transporte de cianeto é uma atividade que deve ser executada com diligência, conhecimento técnico e compromisso com a segurança. Desde a preparação adequada das embalagens até a escolha do modal de transporte mais adequado, cada etapa desempenha um papel fundamental na proteção da saúde pública e do meio ambiente. Portanto, este capítulo servirá como um guia essencial para empresas e profissionais envolvidos no transporte de cianeto, destacando a importância de aderir às melhores práticas e às normas rigorosas que regem essa atividade crítica.

Cianeto sólido — carga e descarga: mitigando riscos no transporte de cianeto

O transporte de cianeto no estado sólido exige cuidados especiais durante a carga e descarga para garantir a integridade do produto, a segurança dos profissionais envolvidos e a preservação do meio ambiente. Neste tópico, exploraremos as principais diretrizes para a manipulação segura de cianeto sólido durante o transporte.

Em primeiro lugar, é crucial que os meios de transporte designados para cianeto sólido estejam estritamente livres de qualquer substância que possa reagir com ele. Isso inclui ácidos e peróxidos, que, se entrarem em contato com o cianeto, podem desencadear reações químicas perigosas. Além disso, alimentos não devem ser transportados no mesmo veículo que ele, a fim de evitar qualquer contaminação cruzada e potencial risco à saúde humana.

Os profissionais encarregados de dirigir os veículos que transportam cianeto sólido devem ser devidamente capacitados para enfrentar emergências. Isso inclui o treinamento específico sobre como lidar com derramamentos, vazamentos ou acidentes durante o transporte. Ter um plano de ação claro e bem definido é essencial para garantir que qualquer incidente seja tratado de maneira adequada e eficaz, minimizando, assim, os danos potenciais.

Durante a carga e descarga do cianeto sólido, é importante seguir um protocolo rigoroso de segurança. Isso inclui o uso de equipamentos de proteção individual (EPIs) adequados, como luvas, óculos de proteção e vestimenta apropriada, para evitar o contato direto com o produto. Além disso, a manipulação do cianeto sólido deve ser realizada em áreas especialmente designadas, devidamente ventiladas e equipadas com dispositivos de contenção de possíveis vazamentos.

A responsabilidade de garantir a segurança durante o transporte de cianeto sólido não recai apenas sobre os motoristas, mas também sobre as empresas envolvidas. É fundamental que essas empresas estabeleçam procedimentos operacionais padrão que incluam diretrizes detalhadas para a carga, descarga e transporte seguro do cianeto sólido. Além disso, elas devem proporcionar treinamento contínuo aos seus funcionários, garantindo que todos estejam bem preparados para enfrentar possíveis cenários de emergência.

Em resumo, o transporte de cianeto sólido exige precauções específicas para evitar reações químicas indesejadas e garantir a segurança de todos os envolvidos. O treinamento adequado, o uso de EPIs, a conformidade com os protocolos de segurança e a criação de planos de ação são elementos fundamentais para mitigar os riscos associados a essa etapa crítica do manuseio de cianeto.

Transporte em isotanques — cianeto em solução: procedimentos de segurança

O transporte de cianeto em solução requer uma série de precauções e procedimentos de segurança rigorosos, tanto durante o carregamento quanto no descarregamento do produto. O uso de isotanques, que são recipientes especialmente projetados para o transporte seguro de substâncias químicas, desempenha um papel crucial nesse processo. A seguir apresentamos as principais diretrizes a serem seguidas.

Carregamento:

1. Verificação do isotanque: antes de iniciar o carregamento, verifique minuciosamente o estado do isotanque. Certifique-se de que não haja danos, vazamentos ou qualquer outra anomalia que possa comprometer a segurança da operação.
2. Área de carregamento: realize o carregamento em uma área designada e apropriada para essa finalidade. Evite operações de carregamento em locais com risco de reações químicas perigosas, como a presença de ácidos ou peróxidos.
3. Calçamento das rodas: durante o carregamento, as rodas do veículo que transporta o isotanque devem estar devidamente calçadas para evitar movimentação não intencional.
4. Aterramento: conecte o isotanque a um cabo terra confiável para eliminar qualquer acúmulo de cargas estáticas que possam representar riscos de ignição.

5. Monitoramento contínuo: durante o carregamento, mantenha um monitoramento constante da operação para detectar qualquer vazamento, vazão inadequada ou comportamento anormal.

Descarregamento:

1. Condições meteorológicas: evite o descarregamento durante condições meteorológicas desfavoráveis, como chuvas intensas ou ventos fortes, que podem dificultar o processo.
2. Iluminação adequada: certifique-se de que a área de descarregamento esteja bem iluminada para garantir uma operação segura.
3. Calçamento das rodas: assim como no carregamento, as rodas do veículo devem estar calçadas durante o descarregamento para evitar deslizamentos.
4. Aterramento: mantenha o cabo terra conectado ao isotanque durante todo o processo de descarregamento.
5. Segurança nas válvulas: verifique cuidadosamente as válvulas no isotanque e no local de armazenamento para garantir que estejam em boas condições e funcionando corretamente.
6. Pressurização controlada: durante o descarregamento, pressurize o isotanque com uma pressão controlada, seguindo as especificações recomendadas e evitando ultrapassar limites de segurança.
7. Monitoramento constante: monitore continuamente o processo de descarregamento para identificar possíveis problemas ou vazamentos.

8. Descarte adequado: qualquer material que tenha entrado em contato com cianeto deve ser descartado de acordo com as regulamentações ambientais e de segurança.

Observador de segurança: durante todas as etapas de carregamento e descarregamento, é recomendável contar com um observador de segurança treinado, capaz de prestar assistência em emergências e garantir a aplicação correta dos procedimentos de segurança.

Seguir rigorosamente essas diretrizes é essencial para garantir a segurança durante as operações de transporte de cianeto em solução líquida em isotanques. Além disso, o treinamento adequado dos profissionais envolvidos e a adesão às normas e regulamentos são fundamentais para prevenir acidentes e proteger o meio ambiente e a saúde pública.

Transporte terrestre de cianeto: aspectos legais e regulamentações

O transporte terrestre de cianeto é uma operação altamente regulamentada em razão da natureza perigosa dessa substância. O Brasil adere a rigorosas regulamentações para garantir a segurança durante o transporte terrestre de produtos perigosos, incluindo o cianeto. As regulamentações são estabelecidas pela Agência Nacional de Transportes Terrestres (ANTT) e estão alinhadas com padrões internacionais de segurança.

As informações essenciais para o transporte terrestre de cianeto, em suas diferentes formas (solução, briquete e pó), estão resumidas na Tabela 1. Essas especificações são para o cianeto de sódio, uma vez que esse é o cianeto mais comercializado.

TABELA 1

Tópico	Cianeto de sódio solução	Cianeto de sódio briquete	Cianeto de sódio pó
Resolução ANTT	N. 5.947 de 01 de junho de 2021 da Agência Nacional de Transportes Terrestres (ANTT)		
Número da ONU	1935	1689	
Nome apropriado para embarque	CIANETO DE SÓDIO — SOLUÇÃO	CIANETO DE SÓDIO — SÓLIDO (BRIQUETE)	CIANETO DE SÓDIO — SÓLIDO (PÓ)
Classe ou subclasse de risco principal	6.1	6.1	6.1
Classe ou subclasse de risco subsidiário	Não se aplica	Não se aplica	Não se aplica
Grupo de embalagem	I	I	I
Número de risco	66	66	66

Fonte: Ambipar - Manual de Produtos e Resíduos Perigosos.

Essas regulamentações estabelecem as bases para o transporte seguro de cianeto, abrangendo aspectos como classificação de risco, embalagem adequada, documentação exigida, sinalização, identificação de veículos e treinamento dos profissionais envolvidos.

É fundamental que todas as empresas e profissionais que lidam com o transporte terrestre de cianeto estejam plenamente cientes e em conformidade com essas regulamentações. A não observância das normas pode não apenas resultar em sérias consequências legais, mas também representar um risco significativo para a segurança pública e ambiental. A segurança no transporte de cianeto deve ser priorizada em todas as etapas, desde o carregamento até a entrega, para minimizar os riscos associados a essa substância perigosa.

Transporte hidroviário de cianeto: aspectos legais e regulamentações

O transporte hidroviário de cianeto é uma operação que envolve complexas regulamentações e medidas de segurança para garantir a proteção da tripulação, da carga e do meio ambiente marinho. Essas regulamentações são estabelecidas por diferentes órgãos reguladores e organizações internacionais, com o objetivo de minimizar os riscos associados ao transporte de produtos perigosos, como o cianeto.

As informações fundamentais para o transporte hidroviário de cianeto, considerando suas várias formas (solução, briquete e pó), estão detalhadas na Tabela 2.

Essas regulamentações abordam aspectos cruciais do transporte hidroviário de cianeto, incluindo classificação de risco, embalagem adequada, documentação obrigatória, sinalização, treinamento da tripulação e medidas para minimizar o impacto ambiental em caso de acidentes.

É essencial que todas as empresas e operadores envolvidos no transporte hidroviário de cianeto sigam rigorosamente essas regulamentações para garantir a segurança da operação e prevenir danos ao meio ambiente marinho. A conscientização sobre os riscos associados ao transporte de cianeto e a adesão às melhores práticas de segurança são fundamentais para proteger as águas brasileiras e manter a integridade das operações de transporte.

TABELA 2			
Tópico	Solução	Briquete	Pó
Resolução	DPC — Diretoria de Portos e Costas (transporte em águas brasileiras); Normas de Autoridade Marítima (Normam) Normam 01/DPC: Embarcações Empregadas na Navegação em Mar Aberto; Normam 02/DPC: Embarcações Empregadas na Navegação Interior; IMO – International Maritime Organization (Organização Marítima Internacional); International Maritime Dangerous Goods Code (IMDG Code); Normam — 29/DPC: Transporte de Cargas Perigosas		
Número da ONU	1935	1689	
Nome apropriado para embarque	CIANETO DE SÓDIO — SOLUÇÃO	CIANETO DE SÓDIO — SÓLIDO (BRIQUETE)	CIANETO DE SÓDIO — SÓLIDO (PÓ)
Classe ou subclasse de risco principal	6.1	6.1	6.1
Classe ou subclasse de risco subsidiário	Não se aplica	Não se aplica	Não se aplica
Grupo de embalagem	I	I	I
Número de risco	66	66	66
EMS	F-A,S-A	-	-
Perigo ao meio ambiente	O produto é considerado poluente marinho		

Fonte: International Maritime Dangerous Goods Code (IMDG Code).

Transporte aéreo de cianeto: aspectos legais e regulamentações

O transporte aéreo de cianeto, seja na forma de solução, briquete ou pó, está sujeito a regulamentações rigorosas para garantir a segurança das operações aéreas e a prevenção de acidentes que possam colocar em risco vidas humanas, propriedades e o meio ambiente. As regulamentações abrangem vários aspectos, desde a classificação de risco até a embalagem e documentação apropriadas.

As regulamentações específicas para o transporte aéreo de cianeto incluem:

» Resolução da Anac – Agência Nacional de Aviação Civil: as Resoluções n. 129 de 8 de dezembro de 2009 e n. 462 de 25 de janeiro de 2018 estabelecem diretrizes para o transporte de artigos perigosos em aeronaves civis no Brasil. Essas resoluções são parte do Regulamento Brasileiro da Aviação Civil (RBAC) e definem os requisitos para o transporte seguro de cianeto e outros materiais perigosos.

» Icao – International Civil Aviation Organization (Organização da Aviação Civil Internacional): o documento 9.284-NA/905 da Icao fornece orientações globais sobre o transporte seguro de produtos perigosos por via aérea. Essas diretrizes são amplamente reconhecidas e seguidas internacionalmente para garantir a uniformidade e a segurança nas operações aéreas.

» Iata – International Air Transport Association (Associação Internacional de Transporte Aéreo): o Dangerous Goods Regulation (DGR) da Iata é uma referência fundamental para o transporte de produtos perigosos por via aérea. Ele contém informações detalhadas sobre como classificar, embalar, marcar e documentar produtos perigosos, incluindo o cianeto.

É importante destacar que o cianeto é classificado como Classe 6.1, que abrange substâncias tóxicas. Essa classificação ressalta a necessidade de aderir estritamente às regulamentações para garantir que o transporte aéreo de cianeto seja realizado com segurança.

Além disso, a classificação de risco principal é 6.1, indicando a toxicidade do cianeto. Grupo de Embalagem I e Número de risco 66 são atribuídos ao cianeto, refletindo sua alta toxicidade e os cuidados necessários para o manuseio e transporte adequados.

Em todas as etapas do transporte aéreo de cianeto, desde o carregamento até o desembarque, é fundamental seguir as regulamentações específicas, garantindo que a classificação correta seja aplicada, que os materiais de embalagem sejam adequados e que toda a documentação esteja completa e em conformidade com as diretrizes estabelecidas pelas autoridades competentes. O cumprimento rigoroso dessas regulamentações é essencial para garantir a segurança do transporte aéreo de cianeto e a prevenção de acidentes.

REGULAMENTAÇÕES RELACIONADAS AO MANUSEIO DE CIANETO

Este tópico aborda regulamentações específicas que devem ser consideradas ao lidar com o cianeto. As regulamentações desempenham um papel fundamental na segurança, conformidade e preservação do meio ambiente em todas as etapas do manuseio, transporte e armazenamento do cianeto. É essencial estar ciente dessas regulamentações para garantir práticas seguras e legais.

Aqui estão algumas das principais regulamentações relacionadas ao cianeto:

» Decreto Federal n. 10.088 de 5 de novembro de 2019: este decreto estabelece diretrizes gerais para o manuseio de produtos químicos perigosos, incluindo o cianeto. Ele abrange aspectos de segurança, transporte e conformidade.
» Norma ABNT-NBR n.14.725/2019: A Norma Brasileira da ABNT estabelece diretrizes para a classificação, identificação e rotulagem de produtos químicos, fornecendo informações cruciais sobre o cianeto.

É importante notar que a conformidade com essas regulamentações é essencial para garantir a segurança das operações envolvendo cianeto e para prevenir riscos à saúde humana e ao meio ambiente. Portanto, é recomendável que profissionais e organizações que lidam com cianeto estejam plenamente cientes dessas regulamentações e as cumpram integralmente. O não cumprimento das regulamentações pode resultar em consequências legais e ambientais significativas.

Segurança na armazenagem de cianeto de sódio

A segurança na armazenagem de cianeto de sódio é uma parte crítica da gestão segura desse produto químico altamente tóxico. Os locais de armazenagem devem ser projetados e mantidos de forma a minimizar riscos e proteger tanto os trabalhadores quanto o meio ambiente.

Aqui estão algumas diretrizes essenciais para a segurança na armazenagem de cianeto de sódio:

1. Ventilação adequada: os locais de armazenagem devem ser projetados com sistemas de ventilação eficazes para garantir a circulação de ar adequada. Isso é fundamental para evitar a acumulação de vapores tóxicos.
2. Controle de umidade: a umidade é um fator crítico a ser evitado no armazenamento de cianeto de sódio. A presença de umidade pode causar reações químicas indesejadas. Portanto, o ambiente de armazenagem deve ser mantido seco.
3. Evitar a presença de ácidos e peróxidos: deve-se garantir que não haja ácidos ou peróxidos nas proximidades do local de armazenagem, pois essas substâncias podem reagir perigosamente com o cianeto de sódio.
4. Proibição de alimentos: alimentos não devem ser armazenados ou consumidos nas áreas de armazenagem de cianeto de sódio para evitar contaminação.
5. Sistema de combate a incêndio específico: os sistemas de combate a incêndio devem ser projetados para não utilizarem água, como sprinklers, que podem reagir com o cianeto de sódio. Em vez disso, devem ser utilizados agentes extintores adequados para incêndios químicos.
6. Empilhamento seguro: o empilhamento seguro de recipientes de cianeto de sódio é essencial. Os recipientes devem ser organizados de acordo com as informações fornecidas na embalagem, garantindo que a estrutura de empilhamento seja estável e segura.

A atenção rigorosa a essas diretrizes de segurança é fundamental para minimizar os riscos associados ao armazenamento de cianeto de sódio e proteger a saúde e o meio ambiente. A gestão adequada da armazenagem deve ser parte integrante das práticas de segurança em instalações que lidam com esse produto químico altamente sensível.

CAPÍTULO 9

A SEGURANÇA COMO VALOR: O PAPEL DO CÓDIGO INTERNACIONAL DE GERENCIAMENTO DE CIANETO E DO ICMI

Neste livro, exploramos detalhadamente as complexidades do manuseio seguro de cianeto, um produto químico altamente tóxico e potencialmente perigoso. Ao longo dos capítulos anteriores, discutimos as propriedades, os riscos, as boas práticas e os procedimentos de segurança envolvidos em cada etapa do ciclo de vida do cianeto, desde sua produção até o transporte e armazenamento. Também abordamos questões críticas de segurança ambiental e regulamentações relevantes.

A SEGURANÇA COMO VALOR

A segurança no manuseio de cianeto não deve ser vista apenas como uma prioridade, mas sim como um valor fundamental. Ela deve estar intrinsecamente incorporada à cultura e às operações de todas as organizações que lidam com esse composto químico. Reconhecemos que a gestão segura do cianeto envolve uma abordagem multidisciplinar, que abrange desde medidas técnicas e operacionais até conformidade com regulamentações rigorosas e práticas de responsabilidade social e ambiental.

A importância de uma gestão adequada do cianeto não pode ser subestimada. Além de proteger vidas humanas e o meio ambiente, ela também preserva a integridade das organizações e sua reputação. Quando a segurança se torna um valor central, todos os envolvidos entendem que é uma responsabilidade compartilhada, não apenas um requisito regulatório.

O Código Internacional de Gerenciamento de Cianeto e o ICMI

O Código Internacional de Gerenciamento de Cianeto para a Fabricação, Transporte e Uso de Cianeto (Código de Cianeto) é um programa de certificação voluntário e orientado para a gestão do cianeto. Ele estabelece as melhores práticas para empresas de mineração de ouro e prata, bem como para empresas que produzem e transportam cianeto utilizado nessa indústria. O Código de Cianeto fornece um mecanismo de garantia para aprimorar a proteção da saúde humana e reduzir o potencial de impactos ambientais.

O objetivo deste Código é melhorar a gestão do cianeto utilizado na mineração de ouro e prata, bem como a proteção da saúde humana e a redução dos impactos ambientais, enquanto garante aos *stakeholders* o manuseio seguro do cianeto por meio da divulgação de resultados de auditorias periódicas realizadas por auditores profissionais independentes.

Com base em Princípios e Padrões de Prática, o Código de Cianeto oferece um sistema de gestão para o manejo seguro do cianeto ao longo de todo o seu ciclo de uso. O programa do Código de Cianeto também fornece orientações passo a passo para implementar práticas que atendam a esses padrões.

Empresas de mineração de ouro e prata, tal como empresas que produzem, armazenam, reembalam e transportam cianeto usado na mineração de ouro e prata, podem aderir ao Código de Cianeto. Empresas signatárias comprometem-se a seguir os Princípios do Código de Cianeto e implementar seus Padrões de Prática para Mineração, Produção e Transporte.

A implementação do Código de Cianeto é verificada por meio de auditorias trienais realizadas por auditores independentes. As empresas que o adotam devem ter suas operações que usam, transportam ou produzem cianeto auditadas para determinar o status da implementação do Código de Cianeto. As operações que atendem aos requisitos do Código são certificadas.

O Código de Cianeto é administrado pelo ICMI, uma organização sem fins lucrativos estabelecida para administrar o Código de Cianeto por meio de um Conselho de Diretores independente composto por indivíduos com conhecimento no uso e manejo de cianeto nas indústrias de mineração de ouro e prata, assim como outras partes interessadas.

Encerrando nossa jornada segura com o cianeto

À medida que chegamos ao final deste livro, queremos expressar nossa gratidão pela sua dedicação em aprender sobre o manuseio seguro desse composto. Esperamos que as informações apresentadas tenham sido valiosas e que você tenha adquirido um conhecimento mais profundo sobre os riscos e as boas práticas envolvidos na gestão desse produto químico desafiador.

A segurança é uma responsabilidade compartilhada por todos os envolvidos na cadeia de manuseio do cianeto — desde a produção até o transporte, armazenamento e uso. Ao longo deste livro, enfatizamos a importância de colocar a segurança como um valor central em todas as etapas do processo, priorizando a proteção da saúde humana, do meio ambiente e das operações das empresas.

O Código de Cianeto e o trabalho do ICMI são exemplos notáveis de como a indústria está comprometida com as melhores práticas e a responsabilidade social e ambiental. Esses esforços têm como objetivo garantir que o cianeto seja manuseado com segurança e que os riscos sejam minimizados.

Nossa jornada com o cianeto pode ter terminado, mas a busca pela segurança e pela proteção do nosso planeta continua. Este livro é apenas o ponto de partida para uma compreensão mais profunda e para a contínua busca por soluções inovadoras na gestão de substâncias químicas perigosas.

Agradecemos por nos acompanhar nesta jornada e por seu compromisso com a segurança e a responsabilidade ambiental. Desejamos a você muito sucesso na aplicação dos conhecimentos adquiridos e na promoção de práticas seguras no manuseio do cianeto. Seja parte da mudança positiva que tornará nosso mundo mais seguro e sustentável.

Referências bibliográficas

ABNT. Associação Brasileira de Normas Técnicas. *ABNT-NBR n.14.725:2019 — Produtos Químicos — Informações sobre Segurança, Saúde e Meio Ambiente.*

ANAC. Agência Nacional de Aviação Civil. Resolução n. 129 de 8 de dezembro de 2009. *Diário Oficial da União.*

ANAC. Agência Nacional de Aviação Civil. Resolução n. 462 de 25 de janeiro de 2018. *Diário Oficial da União.*

ANAC. Agência Nacional de Aviação Civil. *RBAC n. 175/2023 — Regulamento Brasileiro da Aviação Civil — Transporte de Artigos Perigosos em Aeronaves Civis.*

ANTT. Agência Nacional de Transportes Terrestres. Resolução n. 5947 de 1 de junho de 2021 da Agência Nacional de Transportes Terrestres (ANTT). *Diário Oficial da União.*

BRASIL. Presidência da República. *Decreto Federal n. 10.088 de 5 de novembro de 2019.*

DUPONT DE NEMOURS, Inc. (s.d.). DuPont™ Tychem® Chemical Suit Selection Guide. Dupont Brasil. Manual do Usuário de Vestimentas Encapsuladas DuPont™ Tychem®. Disponível em: https://www.dupont.com.br/content/dam/dupont/amer/us/en/personal-protection/public/documents/pt/Manual_Tychem_Encapsulados_POR.pdf. Acessado em: 16 nov. 2023.

ICMI. International Cyanide Management Institute 2021. *The International Cyanide Management Code For the Manufacture, Transport, and Use of Cyanide In the Production of Gold (Cyanide Code)*. Disponível em: cyanidecode.org. Acessado em: 16 nov. 2023.

IATA. International Air Transport Association. (s.d.). *Dangerous Goods Regulation (DGR)*. Disponível em: https://www.iata.org/. Acessado em: 16 nov. 2023.

ICAO. International Civil Aviation Organization. (s.d.). *Doc. n.9.284-AN/905 — Technical Instructions for the Safe Transport of Dangerous Goods by Air*. Disponível em: https://www.icao.int/Pages/default.aspx. Acessado em: 16 nov. 2023.

IMDG Code. International Maritime Dangerous Goods Code. (s.d.). International Maritime Organization (IMO). Disponível em: https://www3.dpc.mar.mil.br/portalgevi/publicacoes/imdg_code/port/IMDG_1a4.pdf. Acessado em: 16 nov. 2023.

PROQUIGEL QUÍMICA S/A. (s.d.). *Manual Produto Cianeto de Sódio da Proquigel Química S/A*.

FONTE Baskerville Regular 11,9 pt
PAPEL Pólen Natural 80 g/m²
IMPRESSÃO Paym